普利茨克建筑奖获奖建筑师系列

理查德·罗杰斯

刘松茯　程世卓　著

中国建筑工业出版社

图书在版编目（CIP）数据

理查德·罗杰斯／刘松茯，程世卓著．—北京：中国建筑工业出版社，2008

（普利茨克建筑奖获奖建筑师系列）

ISBN 978-7-112-09887-3

Ⅰ．理…　Ⅱ．①刘…②程…　Ⅲ．建筑设计－作品集－英国－现代　Ⅳ．TU206

中国版本图书馆 CIP 数据核字（2008）第 017746 号

责任编辑：何　楠　王莉慧

责任设计：董建平

责任校对：王雪竹　梁珊珊

普利茨克建筑奖获奖建筑师系列

理查德·罗杰斯

刘松茯　程世卓　著

*

中国建筑工业出版社出版、发行（北京西郊百万庄）

各地新华书店、建筑书店经销

北京嘉泰利德公司制版

北京中科印刷有限公司印刷

*

开本：787×1092 毫米　1/16　印张：13　字数：247 千字

2008 年 6 月第一版　　2008 年 6 月第一次印刷

印数：1—3000 册　　定价：**36.00** 元

ISBN 978-7-112-09887-3

（16591）

前　言

建筑作为综合性的艺术，与哲学、社会学和高科技、文化艺术等相关领域表现出愈来愈密切的、更为本质化的联系。随着计算机时代的到来与深入向前发展，全球性的高科技文明对世界建筑发生的疾风暴雨般的冲击，迫切需要创建信息时代的建筑创作原则与建筑美学。古代社会以手工方式生产的建筑，工业化社会以机械化方式生产的建筑，其建筑创作原则与建筑美学已无法满足当今社会以高科技方式生产的建筑的要求。许多先锋派建筑师已经为此作了深入的探讨，创作了一大批适应新时代发展的建筑作品。他们的作品出现一股新的感觉化思潮：以感性表象压倒理性本质；以突出的个性表现压倒普遍性的整体原则；以感官的直接性压倒抽象的概念性。这些先锋派建筑师们在相互融合和吸收的基础上，通过一系列超前的观念，新颖的建筑手法，全新的建筑美学，在时代的冲突与抉择面前进行全面创新，为当代西方建筑的发展提供了强大的生命力，并被西方建筑界所认可。号称建筑界诺贝尔奖的普里茨克建筑奖不断地授予这些先锋派建筑师。罗伯特·文丘里、弗兰克·盖里、克里斯蒂安·德·鲍赞巴克、伦佐·皮亚诺、诺曼·福斯特、雷姆·库哈斯、雅克·赫尔佐格和皮埃尔·德·梅隆、扎哈·哈迪德、理查德·罗杰斯等一批建筑师用他们惊人的想像力和充满幻觉的表现手法所设计的一大批代表信息化社会高科技时代特征的建筑作品，充分反映了这一倾向。他们的作品中所表现的新的创作思想、建筑美学走向、建筑创作原则、建筑表现手法值得我们深入探讨与研究。从这些先锋派建筑师的作品来看，新时代的建筑更加体现出了与这些因素相关的内在精神，使得当代西方建筑正在变成一种更具有辐射性、内在性和观念性的时代象征。因此，他们所设计的建筑作品对于时代的发展所产生的意义重大而深远。

英国建筑师理查德·罗杰斯是继伦佐·皮亚诺、诺曼·福斯特以后第三位以擅长在建筑中极力表现技术美为特征的普利茨克建筑奖获得者。他的突出成就是将作为原生态技术的一根大梁、一榀钢架、一组设备管道升华为艺术技术，充分赋予它们以文化属性和艺术属性。他的建筑作品以强有力的视觉冲击体现着建筑技术对建筑创作的强大作用力。他的设计理念以深邃的哲学思辨审视着高科技主导下信息化社会建筑发展的前沿动态。

解读理查德·罗杰斯建筑作品的一个重要视角，就是要准确把握他的作品所表现出的审美属性，以技术审美表达为切入点进行逐层分析，梳理出一个清晰的理论脉络。

理查德·罗杰斯的建筑作品在技术审美层面上表达出独特的视觉形态。他迎合当今大众审美口味与审美习惯，运用艺术手法使原生态技术向艺术技术升华，创造了前卫、新奇的建筑形象。他的作品在现实符号、审美符号和艺术符号等层面上都传递出个性化的审美情绪与审美意义。

理查德·罗杰斯的建筑作品在技术审美层面上表达出强烈的人文精神。他一反工业化社会技术“见物不见人”的强权应用方式，以追求“人性”的本真需求为核心，使技术与社会、自然、人的心智达成和谐，使建筑技术从更高层次向审美状态迈进。

理查德·罗杰斯的建筑作品在技术审美层面上表达出浓郁的时代文化。文化使技术具备真正的灵魂。他以创新的手法赋予技术审美文化层面的内涵。他让技术汲取传统文化的精髓，以获得持续的生命力与人文气息；他让技术阐释当代文化，以彰显时代精神，迎合大众的文化鉴赏需求；他让技术提升城市文化，以真诚地为市民塑造一个充满生气的人文城市。

当代西方建筑中的技术决不是生硬、冷漠的，而是温暖的，是一种“返魅”的技术。只要将技术与审美相结合，就一定能结出甘甜之果，也只有将技术与审美结合，才能让人们享受现代文明的同时获得精神的舒展。理查德·罗杰斯作品中体现出来的技术审美内容，正是后工业化社会技术模式在建筑界的具体体现，也为当代建筑界的技术表达提供了一种可行性选择。

通过对理查德·罗杰斯的建筑作品在技术审美层面上的深入

解读，可以展示当代西方建筑对技术的艺术性、人文性的深入挖掘，并给我们中国建筑师提供一个观察视角，使我们在了解当代西方建筑的发展轴线、思维模式、时代精神以及所带来的意义信息的同时，恰当地定位我国建筑师的设计理念。从而在融合、冲突、发展、创新的世界潮流中提高我们的建筑创作水平，早日向世界展示中国建筑的迷人风采。其现实意义和理论价值重大而深远。

希望本书的出版能为建筑院系的教师、研究生、大学生及建筑设计单位的建筑师们提供有益的借鉴。

目　　录

导　　言

一

技术作为当代文明的强大引擎，以它特有的进步力量深刻地改造着人类社会。自20世纪中叶以来，随着以机械化大生产为时代特征的工业化社会的终结，以信息技术为核心的后工业化社会蓦然降临，并逐渐形成了以电子信息技术为核心，以新材料技术为基础，以新能源技术为支柱，以生态技术为前瞻的高新技术群。从此，技术便以它前所未有的崭新姿态作用于人类社会，它不仅推动着物质文明的飞速发展，同时也以其神奇的力量渗透到人类意识形态当中，推动着审美领域的变革。

建筑作为时代内在结构的结晶，总是与特定时代科学技术的发展有着紧密的关联性。一方面，技术的发展在物质和精神两个层面上积极地作用于建筑创作，为建筑创作带来了意想不到的能量。新结构技术、新施工工艺、新材料的应用和计算机辅助设计系统，使建筑师可以大胆地将头脑中的奇思妙想物化为现实，从而为人们创造出前所未有的建筑实体和充满想像力的空间形态。同时，由于新的科学技术不断给人们带来舒适、方便的生活，于是人们更加相信技术的无穷力量。对“高科技”的物化形象更加青睐，进而使科技产品的形象与科技理念本身也逐渐纳入了人类审美的范畴。在建筑界则表现为，产生了一批技术表现感极强的建筑。它们以暴露的结构构件和夸张的细部节点作为建筑装饰的主体，表达着一种新时代的审美取向。

另一方面，针对人们曾经对技术的不科学运用而产生的负效应，当代的建筑师在热情地投入到这个瞬息万变的技术时代的同时，也审慎地吸取前辈的成败经验，不断思考如何正确地、科学地、全面地发挥技术在建筑创作中的效能。首先，建筑师在技术与自然环境之间寻求和谐统一。全球能源的无节制开发与消耗，使人类赖以生存的自然环境岌岌可危。建筑师急切并广泛地向相关领域学习，深入地探讨了复杂的社会生态学与建筑秩序的关系，将严谨的工程学、生态学和计算机技术集合到建筑设计中，成功地搭建了人类世界与大自然之间的桥梁。同时，他们将技术与城市文化结合，通过建筑设计来增强城市的凝聚力，力求消除由20世纪西方国家推广的“国际式建筑”导致的千城一面的状况。他们转而关注地域差异、民族特色、城市历史，以还原城市的识别信息和可读性，用技术作为促进城市发展的助推器。此外，他们还专注于对建筑可持续性技术的探讨，不仅力求保护生态环境，还希望以此增加建筑本身的灵活度，以适应未来社会不断变化的需求。

总之，在当代技术的物质成就和社会文化成就的共同作用下，技术美学的内涵正悄然地发生根本性的变革，反映在建筑界就是许多建筑师已经为技术找到了更为合适的归宿。在他们的笔下，技术不再以粗糙的工具面貌出现；不再无尽地向自然界攫取财富，开拓“人化自然”；不再一味地追求“见物不见人”的畸形发展形态；不再生硬地忽视文化土壤。他们试图将这令人眼花缭乱的技术成果与人类文化、艺术相融相谐。今天，技术、文化和艺术，它们顺应时代的特征，纵横交织，在建筑界结出了一个又一个甘甜的果实。建筑师运用技术让人类品尝到物质文明甘果的同时，也体验到了技术那美轮美奂的诗意情感，获得精神的舒展。这正是新时代技术发展的真正目的与终极归宿。由此可以看出，在今天这个后工业化的技术社会，技术的终极目标与美学的终极目标已经完美地结合在一起，这不仅成为当代技术审美领域的显著特征，还丰富和更新了技术美学的内涵，从而产生了迎合当今时代特征的新时代的技术美学。

在时代的呼唤下，西方国家涌现了一批将技术美学新内涵付诸于创作实践的建筑师。英国建筑师理查德·罗杰斯（Richard Rogers，1933～ ）是其中最为杰出的一位（图0-1）。

罗杰斯在建筑创作中，顺应当今的时代需求，将技术美学的内涵加以拓展和深化。他笔下的技术已经不再是单纯追求物质功能的粗糙工具，而是演变成能够满足当代人们身心需求的艺术佳

图 0–1
英国建筑师理查德·罗杰斯

作。他将技术与当今艺术成果相结合，创造出精致绝伦的技术形象，给人们提供了一场视觉上的盛宴；他通过技术使建筑回归到自然体系当中，不仅缓解了建筑高能耗与全球资源紧张的矛盾，还满足了人们“返回大自然”的朴素心愿；他利用技术实现建筑的灵活可变性，从而科学地解决了单一的建筑空间与多变的社会生活之间的矛盾；他还为技术注入了丰厚的文化内涵，让技术不仅具有鲜明的时代特征，同时还兼具浓郁的地域风貌和城市特色。总之，罗杰斯的建筑作品传达给我们的不仅仅是精巧、新奇的技艺之美，更包括由深邃的技术美学精神与文化内涵流露出的人性之美。而这温暖的“人性之美”也正是今天的技术美学所具备的新的核心内涵。

同时，罗杰斯还积极地参加各种社会活动，将工作深入到文化、艺术、自然各个领域，这无疑从更广阔的范围内丰富了他建筑创作中的技术美学内涵。1995 年，他作为第一个被英国 BBC 广播电台邀请的建筑师，向人们发表了精彩的雷斯报告（Raith Report，罗杰斯合伙人事务所在伦敦政府的支持下，对英国乃至世界范围内的城市现状所作的调研报告。其目的是为了唤起规划师、建筑师以及广大群众对城市、建筑可持续性的关注）。在报告中他真挚、诚恳地呼唤人们用一种全新的、关爱的眼光去看待城市、爱护地球，表达了他对于这个资源紧张的星球上的城市和建筑的关心。此外，他还提出了一系列具体科学的建议。他建议建筑师应与规划师一起努力，遏制城市不科学的发展；他建议政府应当放眼于未来，制定出科学的、可持续的城市发展计划；他建议人们应当科学地、乐观地对待技术，提出只要对技术加以合理运用，技术是会造福于人类社会的。在随后的英国城市改造中，罗杰斯接受了英国政府的邀请，组建了“城市工作专题组”，并领衔撰写了《迈向城市的文艺复兴》白皮书报告。英国政府将其作为改造城市的重要方针，有计划、有步骤地指导着英国城市的具体建设工作。1996 年，罗杰斯还同托马斯·赫尔佐格、诺曼·福斯特、伦佐·皮亚诺、尼古拉斯·格雷姆肖等人共同草拟了《建筑和城市规划中应用太阳能的欧洲宪章》，并成立了“维护城市与建筑自然生态组织”，对西方国家生态建筑技术的发展起到了巨大的推动作用。

罗杰斯出色的工作业绩受到了英国政府和国际建筑界的高度认可。1985 年他获得了英国皇室授予的爵士头衔，1996 年又荣获了英国皇室授予的勋爵称号。同期，他还作为伦敦市政建设的首席顾问，参与伦敦的城市建设。近几年来罗杰斯更是以其人性化的创作理念、纯熟的技术手法多次囊括英国斯特林建筑奖和国际钢结构设计奖等国际奖项。2007 年，罗杰斯凭借他 40 多年来优秀的建筑业绩摘取了被称为建筑界“诺贝尔奖”的“普利茨克建筑奖”这一桂冠，受到国际建筑界的瞩目。

普利茨克建筑奖评委会对于罗杰斯的工作成绩给予了高度的评价：“罗杰斯选取恰当的建筑材料，通过纯熟的建筑技巧，将他对建筑的喜爱之情表达出来。他精湛的技艺不仅使建筑成为一件艺术精品，更重要的是，这种做法可以使建筑更科学、更经济地发挥效能，为当代建筑的健康发展提供了一个方向。”[1] 罗杰斯在建筑创作中营造的“人性之美”也备受肯定：“（罗杰斯）他是一个人文主义者。他用实际工作向我们讲述一个道理：建筑学是一门包含着深刻社会内涵的艺术形式。通过罗杰斯长期以来取得的工作成就，我们懂得了一个建筑师所承担的最佳角色就是一个优秀的世界公民。”[2]

总之，罗杰斯无论在建筑创作领域，还是在社会活动领域都积极地倡导维护和谐的自然生态和社会生态环境，建立一个可持续的、充满人性的美好社会。他试图通过建筑技术的方式将这一饱含“人性”温暖的理想付诸实践，并最终丰富了今天建筑技术美学的内涵。

对于罗杰斯这样一位在建筑创作中坚持走技术路线的国际建筑大师，本书将其作品的研究置于这个后工业化的技术社会中。期望透过他的作品，引导人们不仅关注其作品中那工业化、产品化的技术构件外表，同时也能够理解这些技术形象背后所蕴涵的浓郁美学精神，让人们理解当代技术创作应以“人性”的关爱为内核：技术作为人类社会进步的伟大成果不仅可以引领物质领域的阔步前进，也可以灌溉人类心灵深处的情感之花。进而为我国建筑师创作具有时代特色又有丰富精神文化内涵的原创性建筑作品，提供一些有意义的借鉴，引发一些相关的思考。

二

罗杰斯作为当今建筑界优秀的建筑大师，在建筑创作和城市设计领域取得了令人瞩目的成就。特别是建筑技术的创作方面，更是成绩斐然。这自然离不开他一如既往的努力，同时也与他特殊的家庭背景和丰富的人生际遇有着密切的关系。

罗杰斯的人生富有浓厚的传奇色彩，在许多看似偶然的因素中孕育着他建筑创作之路成功的必然。他的人生历程引起了许多传记作家的兴趣。著名作家布岩 · 爱普已经将罗杰斯的经历撰写为一部非常优秀的人物传记，并由法博 · 法博（Faber · Faber）出版社出版发行。

罗杰斯于1933年7月23日生于意大利的著名城市佛罗伦萨。他的家庭是旅居在意大利的英国贵族。罗杰斯的父亲——威廉 · 尼诺 · 罗杰斯是一位英国著名牙医的后代，并一直从事医疗事业。罗杰斯的母亲——厄门加德 · 杰瑞斯出生于特里斯特，是一名受达达主义思想影响的陶艺艺术家（图0–2）。她对现代艺术设计有着浓厚的兴趣，并且十分注重培养罗杰斯在视觉艺术方面的兴趣。儿时的艺术熏陶，使罗杰斯在日后的事业中受益匪浅（图0–3）。他丰厚的艺术素养，使他成功地担任了泰特美术馆的主席、英国国家美术馆的主席和纽约现代艺术博物馆的艺术顾问等重要的职位。

在罗杰斯的家庭中，有多位成员受过专业的建筑学的教育。他的外公接受过很好的建筑学与工程学的专业培训，青年时期在建筑领域也曾小有名气。后来由于种种原因，他放弃了个人喜好，在

图 0-2（左）
罗杰斯的父母

图 0-3（右）
幼年的罗杰斯与母亲

保险公司做一位高层管理人员。他的堂兄——俄诺斯特·罗杰斯，则是意大利非常著名的建筑师，同时也是当时意大利著名建筑杂志——*Domus* 和 *Casabella* 的编辑和顾问。这样的家庭环境，让罗杰斯从小对建筑学就有直观的认识，对后来走上建筑之路也有潜移默化的影响。

1938 年，由于法西斯势力在意大利逐渐强大，罗杰斯一家搬回了英国。从此他开始接受传统的英国教育。然而，由于他患有先天性的弱读症，不能像常人一样轻松地理解文字的内涵，所以这段时期的学校生活对于他来说是非常难熬的。他的母亲为了让自己的孩子能够获得与其他同龄人一样的知识，花费了许多精力在家里教授他学校的初级课程。直到许多年后，经过专门的治疗，他的病症才得以治愈。

1951 年，罗杰斯终于完成了他的初级教育。他的家庭希望他能够子承父业，成为一位牙医。可是最终由于他没有获得相关的专业资格而放弃了这条路。就在同一年，现代主义建筑在英国蓬蓬勃勃地发展起来。一批现代建筑也如同雨后春笋，在伦敦的泰晤士河南岸拔地而起。这些优秀的现代建筑引起他极大的兴趣，使他渐渐地迷上了建筑艺术。但是在接下来的两年里，罗杰斯却不得不将自己的喜好放下，披上军装光荣入伍。

兵役结束之后，罗杰斯和同学一起去威尼斯旅行，他们参观了许多威尼斯优秀的建筑作品，这使他对于建筑艺术有了更深一层的了解。之后，他在特里斯特居住了一段时间，并经常与堂兄俄诺斯特·罗杰斯交流。罗杰斯从他那里对建筑业有了充分又细致的了解，此时罗杰斯已经将建筑艺术从朦胧的儿时理想转变成为切实的人生目标。于是，他在堂兄的鼓励下，进入了英国的 AA 建筑学院（英国伦敦建筑师联盟，即 Architectural Association）学习建筑，并于 1959 年，完成了五年的课程。在 AA 的学习期间，罗杰斯受到了彼得 · 史密森（Peter Smithson）和阿基格拉姆（Archigram）学派的建筑思想影响。史密森是当时英国著名的粗野主义运动倡导者。他强调建筑要忠实于材料的表达，并“偏执地对机械及结构元件采用表现主义的表达方式”。[3] 而阿基格拉姆学派更是主张激进、前卫地运用时下先进的技术，强化技术在建筑创作中的地位。这些理念对罗杰斯日后的建筑创作和城市设计理念起到了非常重要的启蒙作用。

1960 年，罗杰斯与苏珊 · 布姆沃（以下简称为苏珊）结婚。苏珊的父亲是英国设计研究中心的主任（英国设计研究中心即 Design Research Unit，简称 DRU，建于 1943 年，对英国现代主义建筑的引进和发展起到了重要的推动作用）。可以说，这段婚姻对于罗杰斯的道路也产生了积极的影响。

1961 年，这对年轻的夫妇远赴美国，攻读耶鲁大学的硕士学位。罗杰斯选择了建筑学专业，苏珊则选择学习城市规划。他们在苏珊父母的介绍下，结识了许多艺术界的朋友，如雕塑家纳姆 · 戈布和他的妻子。这使他们接触了许多当时前卫的艺术成果和艺术思想。同时，耶鲁大学的许多带有新观念、新思想的教师也深深地影响了罗杰斯。如耶鲁大学建筑学院的院长保罗 · 鲁道夫、历史教师文森特 · 斯卡里（图 0–4）、建筑教师詹姆斯 · 斯特林（图 0–5）、塞奇 · 切梅耶夫等人。在此期间，罗杰斯还遇到了他事业上的好伙伴——诺曼 · 福斯特（Norman Foster，以下简称为福斯特），他们共同研究美国当代建筑史，共同进行钢结构的建筑创作，互相促进、互相激励（图 0–6）。

值得一提的是，在耶鲁大学的这段时间，罗杰斯对弗兰克 · 劳埃德 · 赖特的作品产生了浓厚的兴趣。罗杰斯曾这样说，“赖特是

图 0–4（左下）
罗杰斯的历史教师文森特 · 斯卡里

图 0–5（中下）
罗杰斯与詹姆斯 · 斯特林

图 0–6（右下）
罗杰斯与诺曼 · 福斯特

我的启蒙之神”。因此，罗杰斯和苏珊、福斯特以及其他同学一起，考察了许多美国大陆的赖特建筑作品，同时也亲临学习了许多其他优秀建筑师的建筑作品，这包括密斯·凡·德·罗、路易斯·康的建筑作品。

在完成了耶鲁大学的学业之后，罗杰斯与妻子旅居加利福尼亚，并在SOM建筑师事务所工作。在这段时期内，他们参观了鲁道夫·史川德尔、皮埃尔·科尼格、克瑞格·艾伍德、拉菲尔·苏芮诺等美国优秀建筑师的建筑作品，并获得一次对战后加州的钢结构建筑作通盘了解的良好机会，这无疑对他日后的技术创作打下了坚实的基础。

1962年，罗杰斯学成归国，从此正式开始了他的建筑创作生涯。主要分为四个时期：

四人工作室时期 1963年，罗杰斯同好友福斯特一起组建了四人工作室（Team 4）。其成员是两对夫妻——罗杰斯和他的妻子苏珊以及福斯特和他的妻子温迪·福斯特（图0–7）。这四人建造了很多富有情感，并带有新鲜理念的设计。

他们的第一件重要的作品是给苏珊父母的Creek Vean小住宅。随后他们又创作了Feock住宅，获得了1969年英国皇家建筑师学会建筑奖。而这个时期最重要的作品当属1967年在英国斯温顿建造的电子控制系列产品工厂（图0–8）。他们希望这个建筑能成为日后工业建筑的通用模式。在空间上，该建筑提供了一个类似“通用空间”的通敞的室内空间，不仅内部相当灵活，而且还可以根据日后使用的需求进行改变。在外形上，

图0–7（左下）
四人工作室成员

图0–8（右下）
电子控制系列产品工厂结构

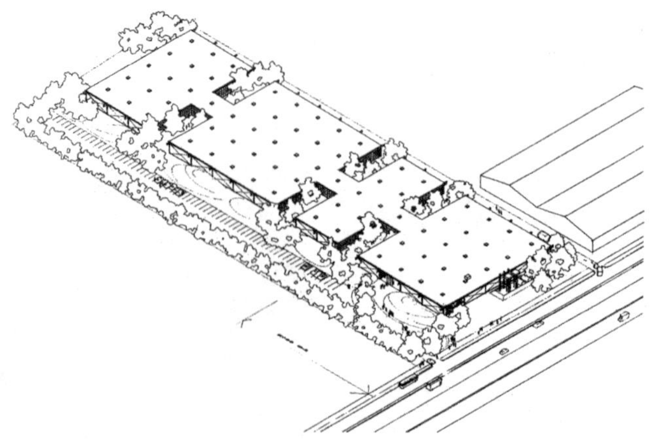

裸露的钢骨架成为建筑外观的主要元素，轻巧的斜撑构件形成美丽的对角线，为冰冷的技术形象增添了一丝柔和的韵味。这个建筑不仅受到了彼得 · 帕克和詹姆斯 · 斯特林的肯定，同时也受到了国际上的赞誉。同年，他们代表英国参加了在法国巴黎举办的世界博览会。

这一时期的建筑规模虽小，但罗杰斯已经开始探索当时先进的材料和建造工艺，试探性运用模数化的结构单元和建筑空间，并力求与自然环境亲密结合。这给他日后的建筑创作打下了坚实的基础。

夫妻工作室时期 1967年，四人工作室解散，罗杰斯与妻子创立了一个属于他们自己的夫妻工作室。夫妻工作室做的第一个项目就是为罗杰斯父母建造的罗杰斯住宅，他们把奇思妙想和爱都融入了这个小小的建筑中，使其充满了灵气。

这一时期，罗杰斯和苏珊所接受的项目多是小型的住宅，并均以色彩艳丽的小方盒子作为基本元素。与此同时，罗杰斯对其他领域的技术（如汽车和飞机上的绝缘铝板、PVC）在建筑上应用的可能性进行了大胆的探索，创作了许多概念性的方案，虽然没有付诸于实践，但对日后的创作积累了丰厚的经验。此时，罗杰斯也开始注重建筑本身的节能，建筑语言也日愈丰富。代表作品是 Zip-Up 住宅（图 0-9）和罗杰斯住宅（图 0-10 ~ 图 0-12）。

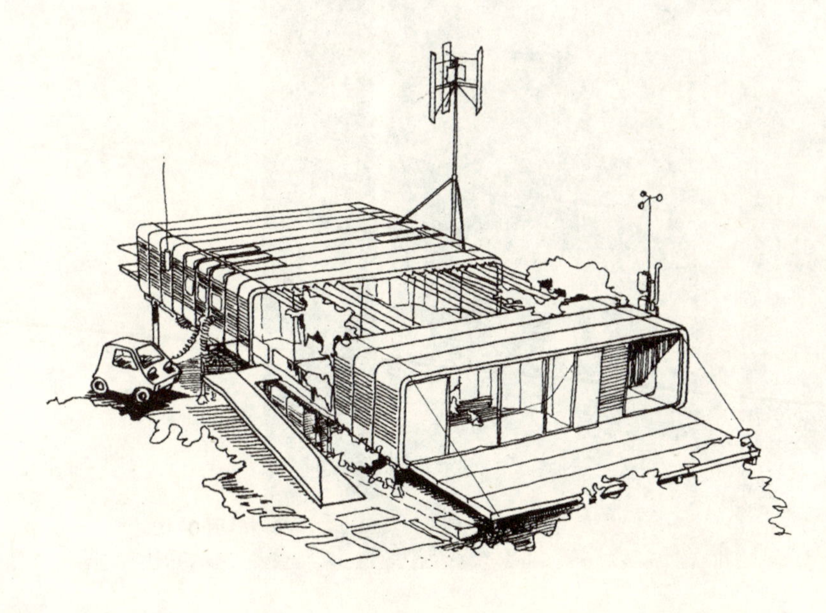

图 0-9
Zip-Up 住宅

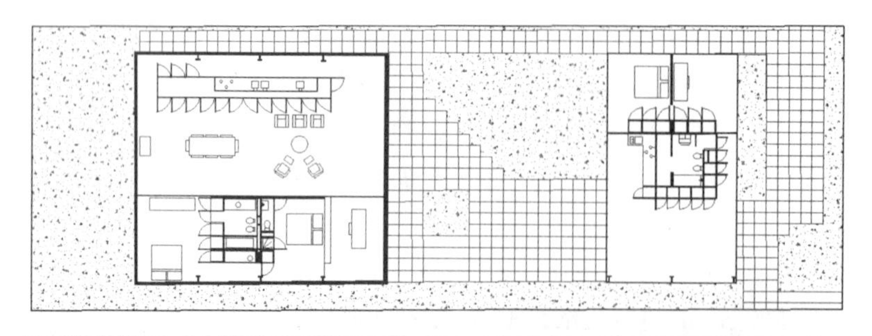

图 0-10
罗杰斯住宅平面图

图 0-11
罗杰斯住宅外观

图 0-12
罗杰斯住宅内部

这一时期的罗杰斯还在英国剑桥的建筑师协会学校和伦敦工艺学校任教。并于1968年之后回到耶鲁大学、麻省理工学院和普林斯顿大学教授建筑学的相关课程。

罗杰斯与皮亚诺合作时期　1970年，罗杰斯与伦佐·皮亚诺开始合作，创作了法国巴黎蓬皮杜艺术中心，震惊了世界，并一举成名。虽然他们的合作是非常短暂的，仅仅创作了这一个优秀的建筑作品。但是，蓬皮杜艺术中心却为他们赢得了太多的国际奖项以及业界好评。直到今天，这个前卫的、大胆的建筑作品仍然以其独特的艺术魅力感染着每一个观赏者。可以说，蓬皮杜艺术中心已经成为当代建筑进程上一个重要的里程碑，正是它将当代建筑界的技术审美大幕徐徐拉开。

在这个作品中，罗杰斯与皮亚诺把材料和技术的先进功效淋漓尽致地发挥出来。同时还更加注重新材料和新技术的开发，创造性地应用了许多新结构、新材料、新工艺。这不仅对新技术的发展起到了很好的推动作用，也使建筑的设计成果更容易实现，建筑技术的形象也更丰富多彩（图0–13、图0–14）。

在此期间罗杰斯结识了许多志同道合的工作伙伴，如托尼·道格德尔、劳拉·阿博特、本德图·麦瑞隆、麦克·戴维斯等等。这为日后罗杰斯建立事务所打下了坚实的基础。

罗杰斯合伙人事务所时期　1977年，罗杰斯成立了理查德·罗杰斯合伙人事务所，这是他建筑事业的又一个转折点（图0–15、图0–16）。

1986年，罗杰斯的事务所在伦敦劳埃德大厦竞标中获胜。在这个作品里，他再次将他对技术特有的理解表现出来。罗杰斯

图0–13（左下）
巴黎蓬皮杜艺术中心

图0–14（右下）
罗杰斯与伦佐·皮亚诺

图 0–15
理查德·罗杰斯合伙人事务所成员（一）

图 0–16
理查德·罗杰斯合伙人事务所成员（二）

事务所也因此赢得了众多奖项，并攀上了一个新的事业高峰（图 0–17）。

20 世纪 90 年代，罗杰斯将城市设计也纳入到工作中来。在此时期，无论是大面积的规划还是单体建筑，他都会以城市公共空间为出发点。例如，布劳德威克住宅、伦敦第四频道电视台总部、理德豪大街 122 号办公楼等建筑，都是很好地处理了建筑与城市空间之间紧张关系的优秀作品，1998 年，英国副首相兼环境大臣约翰·普雷斯科特邀请罗杰斯组建“城市工作专题组”，从此罗杰斯投入了更多的精力到城市设计当中，也创作出不少优秀作品，如伦敦格林威治半岛总体规划、奇斯韦克公园商业区、上海陆家嘴总体规划等。他还领衔撰写了《迈向城市的文艺复兴》的专题报告和《小小地球上的城市》等一系列关于城市的专著。罗杰斯至今仍致力于城市发展与建筑创作的综合研究，对英国乃至全球的建筑界都产生了深远的影响。

这段时期，罗杰斯建筑创作日臻成熟。在理念上，他提出了建筑的可持续发展和复兴城市文化等观点，并提醒专业人士要密切关注建筑节能、公众参与、技术适宜等问题。在实践中，他不仅科学地利用现有的技术，还大胆地探索和开发新的材料技术和建造技术，游刃有余地通过技术手段实现对于建筑创作的独到理解。

图 0–17
伦敦劳埃德大厦

综上所述，经过四十年不懈地学习与探索，罗杰斯已经形成了稳定的个人风格。他注重新技术的探索、关注艺术形式向技术的渗透、关注建筑的自然生态和社会生态效应，在他的作品中，技术不再是生硬、冰冷的技术，也不再是忽视人情、漠视文脉的技术，而是一种温暖人心、关怀人性的技术、一种符合当今时代要求的具备新时代技术美学特征的建筑技术。

注释：

[1] http：//www.pritzkerprize.com/full_new_site/rogers/mediareleases/07_media_kit_3–19.pdf.

[2] 同 [1] .

[3] 肯尼斯 · 弗兰姆普敦著 . 现代建筑：一部批判的历史 . 张钦南等译 . 生活 · 读书 · 新知 三联书店，2004：296.

第一章　技术审美的形态表达

在当今社会中，技术元素在众多物质产品中已经逐渐由原生态技术模式向艺术技术模式升华，通过丰富的艺术形态表达着丰厚的审美内涵。技术，作为人们认识自然、改造自然的工具与手段，不仅是推动时代进步的不竭动力，还是社会精神文化有序发展的力量源泉，更是建筑艺术得以发展的重要因素。从古典建筑到现代建筑，虽然技术在实际运作中是以原生态技术的面貌出现，以强大的工具效能为主导，但同时也自然流露出宜人的审美效能。今天，随着后工业化社会的深入发展，技术成就大幅度提高，技术成果日益丰富，技术产品日渐完美。从而强烈地作用于建筑师的建筑创作领域，使他们的作品中更多的技术形象呈现出由原生态技术向艺术技术趋近的态势。新时代下全新的技术审美内涵已经更加深入地反映到了当代西方建筑师的建筑作品中，成为当代西方建筑美学中一股新的潮流。

罗杰斯正是一位擅长表达技术形态之美的建筑大师。他将技术的艺术化内容加以深化，凭借娴熟的技巧、精湛的工艺使建筑中的技术要素具备了审美的特征。他让技术不断地从艺术语言中汲取养料，不断地打破定势而产生出新的意蕴，从现实符号转换为审美符号，以其鲜明的形态表达给人以生动的审美体验和审美感受。

罗杰斯在建筑技术创作中，从多个层次上创造了技术形态美，生发了审美效力。作为现实符号的技术语汇，因满足了当代人们的审美心理而引发了审美情绪；作为审美符号的技术体系，因具备审美事物的特性而产生了审美价值；作为整体艺术单元的建筑，因表述了当代技术审美趋向而生发了审美意义。解读罗杰斯建筑作品中对于技术审美的形态表达内容，对于揭示当代人们的审美心理，分析建筑技术美学的特征与走向，进而作用于建筑技术形象创作等方面都具有十分重要的现实意义。

一、现实符号的提升

罗杰斯在技术创作中，有意地借鉴当代艺术的创作手法，提升现实符号的审美效力，使其作品中的现实符号向审美符号趋近，产生审美内涵。

符号美学中将事物分为现实符号和审美符号。现实符号是现实世界的结构，只具有现实意义。审美符号是超现实世界的结构，它以现实符号为基础，是一种超越了现实性的符号表达，具有独立的审美价值。技术的节点、光影、色彩，这些技术语汇尚属现实符号范畴，是构成审美符号的基本单元，并未演化为独立的审美符号，本身也不具有审美价值和审美意义。然而，罗杰斯吸收了当代艺术创作的经验，运用艺术化的手法来处理这些现实符号，使其具有强烈的视觉表现力。同时，罗杰斯也充分考虑到当代审美心理的变异，力求使技术形象迎合当代人的审美心理，满足当代人的审美口味。这样，罗杰斯建筑作品中的技术语汇，虽然还属于现实符号，却因为满足了人们视觉的需求与审美心理，而引起人们的审美情绪。

通过分析罗杰斯处理技术语汇的艺术手法，剖析人们产生的相应审美情绪，我们不仅可以借鉴他的技术创作经验来丰富建筑创作中的技术形象；也可以借此看到，在这个后工业化的技术社会，人们审美心理所产生的变化以及技术审美的发展趋向，进而指导我国的建筑技术创作。

1. 扩张的节点

罗杰斯在技术细部节点的处理上，经常采用扩张的处理手法。这种手法创造出了带有审美效力的技术形象。它不仅可以通过那富有表现力的外形给人视觉震撼，还能够以它陌生化的形象满足当代人们渴望新奇、求新逐异的审美心理，激发出观者内心中的审美情绪。

这里所说的节点，是指技术杆件的铆接部分。罗杰斯的很多建筑作品，都有如工业产品一般，由工厂统一生产出规格标准的技术杆件。考虑到受力方式和施工便捷的因素，技术杆件之间经常采用铆接的形式，这样就自然而然地形成了一个技术节点。

通常情况下，技术节点的尺寸是按照力学的要求设计的，真实地反映受力情况。而罗杰斯则在作品中对其进行了艺术处理。他运用扩张的手法，将技术杆件节点的尺寸放大，使其大小超出力学的实际需要，从而从审美视知觉和审美心理两个角度满足了人们的审美需求，激发出人们内心的审美情绪。

首先，从审美视知觉的角度来讲，扩张的技术节点因其独特的形象，能够有效地强化自我，增强视觉对它的感知度。

一方面，扩张的技术节点可以成为视觉注意力的凝固点。由于它扩张的尺度和不同平常的规格，使其成为建筑立面上显著的视觉要素，凝聚人们的视线，吸引人们注意。这在蓬皮杜艺术中心(Centre Pompidou, France, Paris, 1971 ~ 1977) 这一建筑中，体现得最为明显。罗杰斯将该建筑“内外翻转”，让它的结构杆件全部暴露在建筑外部。杆件之间全部采用了施工速度快、施工环境清洁的铆接的形式，这样一来建筑的外表面形成了许多技术节点。而罗杰斯又将这些技术节点的尺度加以扩张，使它们成为一个个夸张的、圆润的艺术要素，吸引人们的视觉注意，自然而然地成为视线的凝固点。在法国巴黎的蓬皮杜艺术中心的外立面上，这些视觉的凝固点均匀、规律的排布，犹如一部乐章里的休止符，有节奏、有韵律地牵动着人们的感官，成为建筑外观非常显著的审美装饰要素(图 1–1 ~图 1–3)。

图 1–1（左）
巴黎蓬皮杜艺术中心技术节点的韵律

图 1–2（右上）
巴黎蓬皮杜艺术中心技术节点的细部（一）

图 1–3（右下）
巴黎蓬皮杜艺术中心技术节点的细部（二）

另一方面，扩张的技术节点天然地具有视觉张力，能够对人们的视觉感知起到震撼的作用。所谓视觉张力，就是指一种向四周不断伸展的视觉力，它是艺术品所应具备的极为重要的因素，其主要特征为“不动之动”。艺术大师达·芬奇曾在艺术论著中强调过它的重要性。他说，如果在一件艺术作品当中见不到张力，那么这个艺术作品的僵死性就会加倍。罗杰斯就是通过扩张的手法，使技术节点在视觉上带有张力，让这一现实的技术语汇具有了审美效力。

罗杰斯所设计的日本东京歌舞伎町办公楼（Kabuki Cho, Japan，Tokyo，1987～1993）的入口是一个具有视觉张力的技术节点带给人审美体验的实例。这个建筑的入口是一个倾斜45°的玻璃房。出于结构上的要求，罗杰斯采用了特殊的网架结构牵拉着这个玻璃屋顶。由于结构杆件全部采用铆接，因此入口立面上充满了技术节点（图1-4）。罗杰斯通过独特的艺术手法，将节点的艺术地位进一步强化，使其成为建筑外部形象主要的构成要素。他将这些技术节点的尺寸作扩张处理，让它们不仅符合力学的要求，更具备了一种膨胀、外张的视觉张力（图1-5、图1-6）。这种张力会给人们一种幻觉，让人们感觉这些节点似乎是运动的，它们在不断地与周围的杆件推拉、挤压。正是这种运动的感觉让人们觉得这些技术节点不是僵硬的、呆板的，而是动态的、有趣味的，从而引起人们心底的愉悦之感，即审美感受。同时，在人们眼中，富有张力的节点在向周围的杆件膨胀，它们之间的关系是互相拉扯、互相压迫的，充满着紧张的气息。而这种紧张的视觉感受对人的视觉神

图1-4（左下）
东京歌舞伎町办公楼外观

图1-5（中下）
东京歌舞伎町办公楼入口的技术节点（一）

图1-6（右下）
东京歌舞伎町办公楼入口的技术节点（二）

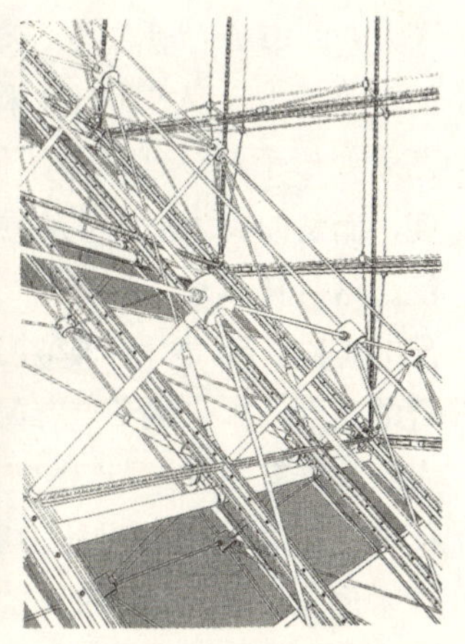

经产生了强烈的冲击，生发出感官上的刺激和快感。由于这种感受只作用于人们心理，是一种纯粹的形而上的体验，也是一种审美体验。

总之，从视知觉的角度来看，扩张的节点既具备吸引视觉注意的力量，又具有一种强劲的视觉张力。这使它们能够有效地抓住人们的眼睛，刺激人们的视觉感官，给人以视觉层面的审美体验。

其次，从审美心理的角度来讲，扩张的技术节点满足了当今人们渴新求变的审美心理。根据接受美学的理论阐述，人类本身就存在着渴望变化、期待新鲜的心理欲求，这种心理也可以称之为“期待视野”。一件物品如果使审美接受者的感受与期待视野一致，那么接受者就会觉得索然无味；如果一件物品令审美接受者的感受与期待视野存在差异，接受者就会感到新鲜而兴奋。二者之间的差距越大，这种兴奋感也就越强烈，接受者所获得审美愉悦感也就越强。

当代飞速发展的科学技术为人类创造了前所未有的、丰富的物质世界的同时，也不断地给人们带来巨大的精神上的愉悦。人们心底那求新求变的心理更是被激发和调动起来，变得愈加强烈。人们总是渴望看到新鲜的、奇特的、不寻常的事物。这种心理的影响渗透到社会文化的各个层面，其中以审美领域最为显著。在今天已经出现心理上变异的审美领域，艺术家的审美创造更趋向于用“陌生化”的刺激来代替传统的“共鸣”体验。建筑，作为当代社会的重要文化产品，也在不断地调整自身、变换形式以满足大众的审美需求。

罗杰斯创造的扩张的技术节点迎合了这一时代审美潮流，满足了大众的审美心理需求，因此具备更为稳定、更为直接、更为有力的审美效力。罗杰斯对技术节点所采用的扩张处理方法，属于一种艺术变形手法。这种手法使技术节点不再遵循人们熟悉的节点尺度，而是偏离了人们所熟悉的比例，具备了陌生的、新鲜的形象特征。这种技术形象打破了人们既有的知觉内容，对人们知觉产生强烈的“刺激”。这种“刺激”就是人们审美意识中的一场直白与新奇的争斗。扩张的节点有如一个入侵的力量，以它陌生的形象冲击人们的既有知觉，人们记忆中那既有的经验内容会自觉地对此进行反抗。就在这两种对抗力反复的较量中，人们的心理对那陌生的技术形象产生了深刻的、强烈的认知。这种认知的内容是如此的新鲜、有趣和奇特，恰到好处地满足了当今人们那渴求新奇的审美心理，自然而然地生发出愉悦的审美情绪。

综上所述，罗杰斯创造的扩张的技术节点，不仅震撼着人们的视觉感知，也满足了当今人们求新逐异的审美心理。通过分析他的技术处理手法，我们既可以学习其成熟的技术创作经验，也可以从中了解到在当今建筑技术美学领域人们审美心理的变化，从而重新审视我们的建筑技术创作。

2. 变幻的光影

在我们的生活中，光是创造美的重要介质。它不仅可以向人们阐释时间和季节的循环，还可以让人的感官体验到辉煌和壮观的时空变换。在建筑界，无论是古典时期的建筑巨匠还是现代主义时期的建筑大师，他们都从未放弃过对美好光影效果的追求。到了当代，随着崭新的技术成果在建筑上的大规模应用，建筑光影的表达方式和表现手法也日渐丰富，光影之美更是成为建筑外显形象的主要审美要素。

罗杰斯在建筑创作中积极地运用各种先进的技术材料，并总是将光和技术因素加以综合考虑，营造了变幻的光影之美，使他的建筑作品在形态表象上产生了独树一帜的美学效果。

一方面，罗杰斯利用当代的技术成果塑造了不断变动的光影之美，即动态美。罗杰斯在建筑创作中，经常选取那些最能体现光的微妙变化的材料——光敏材料，并将它们安置于接纳日光最多的部位。这不仅可以利用它们特有的性能为建筑提供良好的品质，同时也为美妙的光影搭建了一个表演的舞台。镀膜玻璃、感光百叶、感光铝板等技术构件，都是典型的光敏材料，它们可以随着光的照射角度、光线强弱的不同而改变形象，从而为建筑提供动态的、变化的外部形象。

罗杰斯在伦敦奇斯威克公园（Chiswick Park，England，London，1999～2004）的园区办公楼设计中，就采用了这样的一套光敏材料作为建筑表皮，获得了良好的效果。该建筑位于奇斯威克公园的中心地带，这里视野开阔、阳光充足、植被丰富、溪水环绕。为了将这美景收纳到建筑当中来，罗杰斯选用大面积的镀膜玻璃作为建筑的外表皮。这种玻璃通透明亮，人们在建筑内部可以充分地享受园区的美丽景色。同时，为了免去建筑内部因过多的日光照射给人们带来的炎热之苦，他将感光百叶作为镀膜玻璃的配套设施，根据日光的强弱自动调整透光率，为建筑内部的人们遮挡强光（图1–7）。这套光敏材料不仅给人带来舒适的功能体验，还提供了生动的动态之美。镀膜玻璃带有良好的镜面效应，它就犹如一面巨大的镜子，记录着周围景物的一点点变化。一天中，感光百叶在不同时间内不停地改变角度，周围树木的枝叶也随风摇曳，时强时弱，它们的影像都会清楚地落到镀膜玻璃上，生成丰富的、动态的光影效果（图1–8、图1–9）。而在不同的时间段，这套光敏材料更是让建筑不停地变化形象。晴天的清晰镜像、夜间的透

图1–7（左上）
伦敦奇斯威克公园办公楼的遮阳百叶及其光影

图1–8（下）
伦敦奇斯威克公园办公楼镀膜玻璃上的美好光影（一）

图1–9（右上）
伦敦奇斯威克公园办公楼镀膜玻璃上的美好光影（二）

明闪烁、雨天的朦胧淋漓，使建筑的表皮仿佛是人类的表情一样，表达着喜怒哀乐，不断地给美妙的空间场所换上新装。

罗杰斯用先进的技术成果，让建筑在光的照射下产生的生动的动态美。让建筑不再仅仅是空间与实体交织的抒情诗，更是一部光的情景剧。

另一方面，罗杰斯还运用当代先进的建筑材料为建筑营造了一种虚幻美。罗杰斯善于夸张式地运用透明与半透明材质，使建筑产生虚幻的、不确定的视觉效果。这在他的诸多作品中均有体现。伦敦第四频道电视台总部（Channel 4 Television Headquarters, England, London, 1990 ~ 1994）的入口就是典型一例。为了与城市空间更好的结合，罗杰斯将该建筑的入口处理成内凹的形态。他选取了半透明的感光玻璃，并将建筑的结构网络裸露于表皮之外。这个内凹的半透明玻璃，提供给人变幻莫测的景象。它如同电影幕布一般，入口广场的活动情节、城市远处的风景若隐若现，而建筑内部的生活场景也似有似无地显现。它们交织混杂在一起，使人难辨其详。而表皮之外的那一层细密的结构杆件，又为这本就虚幻的景象增添了更多的不确定性。在这里，罗杰斯利用当代的技术成果让光丧失了“自然的折射语法”，送给人的只有迷惑的享受（图1-10 ~图 1-14）。

同时，罗杰斯还通过大面积地运用透明的材质，将这种虚幻美推向了极致。建筑在人眼中的最终形象，是由建筑轮廓和光线的相互作用生成的。而罗杰斯大范围地选取透明材质作为建筑的外表皮，使光线与表皮两种因素之间的关系变得十分不确定。例如在伦敦劳埃德注册公司（Lloyd's Register, England, London, 1993 ~

图 1-10（左下）
伦敦第四频道电视台总部入口（一）

图 1-11（右下）
伦敦第四频道电视台总部入口（二）

图 1–12（左上）
远望伦敦第四频道电视台总部

图 1–13（下）
伦敦第四频道电视台总部夜晚景象

图 1–14（右上）
伦敦第四频道电视台总部入口的玻璃幕墙与结构杆件

2000）这一建筑中，他几乎全部采用玻璃作为建筑的表皮，使建筑看上去像是一个晶莹剔透的水晶体。在不同的时间里、不同的天气条件下，日光以它特有的角度照射到建筑上，建筑的形象也随之发生改变。在城市中远远地向它望去，就如同在欣赏海市蜃楼。它时而完全隐匿了自己，与天空融为一体，时而若隐若现、虚虚实实，时而又清晰可见、线条分明。这幢建筑在光的作用下，形象不断地变幻着，使欣赏者时时刻刻都处于一种虚幻的、不确定的审美状态当中（图 1–15 ~图 1–20）。

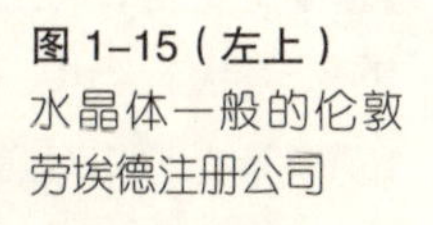

图 1–15（左上）
水晶体一般的伦敦劳埃德注册公司

图 1–16（右上）
伦敦劳埃德注册公司外景（一）

图 1–17（左中）
伦敦劳埃德注册公司外景（二）

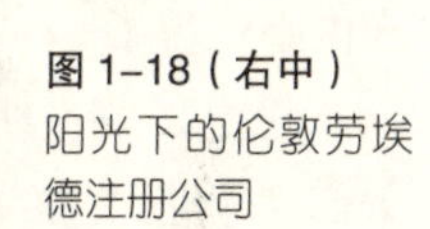

图 1–18（右中）
阳光下的伦敦劳埃德注册公司

图 1–19（左下）
灯光下的伦敦劳埃德注册公司

图 1–20（右下）
伦敦劳埃德注册公司建筑表皮上丰富的光影效果

罗杰斯所运用的这种技术手法与好莱坞惯用的电影艺术手法有异曲同工之妙。它们都是通过变化的光线、跳跃的光影以及神秘莫测的影像，激起人们的视觉冲动，给人们的视觉神经以强烈的刺激。这种视觉刺激为欣赏者带来了丰富的、新奇的视觉享受，也可以称之为审美体验。

同时，由于罗杰斯作品中那变幻的光影提供的是一种不确定性的视觉美，使欣赏者始终处于不断变化的、充满着不确定因素的审美状态当中。因此，它极大地满足了当代人们渴求不确定因素的审美心理，使这种审美体验具有较为强烈审美效力。随着社会文化大背景的变革，当代的审美心理也悄然地发生了改变。当代的审美理念直接区别于现代审美理念。现代的审美理念是理性的，它要求艺术表达具有极大的确定性，把思维的精确性、表达的逻辑性、行为的目的性作为实现自身的重要目标，按照等级原则来安排、确定事物的位置。而在当代社会，由于时尚不停变换，人们的审美情绪变得躁动不安。他们强烈要求摆脱一成不变、摆脱绝对的平衡、摆脱精准与确定。这种追求生活不确定性的理念，自然而然地折射到技术的审美领域当中，人们将非理性、模糊、变化、偶然性作为自己审美活动的中心内容。因此，当人们欣赏罗杰斯的建筑作品，看到那生动多变的光影效果，看到那变幻莫测的建筑形象时，他们那种期待不确定美的审美心理得到了极大的满足，从而在内心获得了一种审美愉悦。

总之，罗杰斯通过技术让建筑成为了一部“短暂的镜头”，让人们在领略动态的、虚幻的视觉之美的同时，也满足了当代人们期待不确定性因素的审美心理。从而使建筑的光影不再仅具有现实涵义，而成为带有艺术韵味的、向审美符号趋近的现实符号。

3. 炫目的色彩

正是因为那些斑斓绚丽的色彩，这个世界才能如此美丽。几乎每一门视觉艺术都将色彩作为其艺术表现的首要元素。对于建筑艺术来说，色彩更是起着举足轻重的作用。从西方的古典神庙到中国的传统宫殿，从印度的佛教建筑到日本的山水园林，色彩都以它特有的力量，向人们传达着不同的情感内涵。在当代西方建筑界，色彩那特殊的视觉力量更是备受重视，并以不同以往的、新鲜夸张的手法表达出来。

罗杰斯在建筑创作中也是特别地重视色彩对建筑形象所起的作用。他十分推崇艺术家普辛的理论：色彩能够起到一种吸引眼睛的诱饵作用，正如诗歌那美的节奏是耳朵的诱饵一样。因此，罗杰斯总是力求最大限度地发挥色彩的视觉影响力，让它的诱饵作用充分体现出来，使它成为极具诱惑性的因子，调动人们的审美情绪。

罗杰斯的作品通常是以技术材质的本色为主要色彩，其基本色调趋于柔和。同时他又有意地采用纯度极高的红、黄、蓝三原色和粉红、翠绿等高亮度的颜色作为建筑外露设备或部分墙面的色彩。他这般运用建筑色彩，给观赏者带来了深刻的审美体验。其主要原因可从如下两个方面分析：

其一，炫目的色彩能够引起人们强烈的情感共鸣。与其他视觉元素不同，色彩天然地具有激发情感的能力。它可以不借助任何物象符号，通过视觉关注，引起人们一系列生理反应，从而令人们产生各种各样的情感效应。据科学实验证明，红色能够令人的血液循环加快，让人们感到振奋、激动；而蓝色则让人觉得身心舒展、安逸宁静。色彩的纯度越高，其情感影响能力也就越大。

罗杰斯抓住了色彩的这一特殊性能，将之运用到建筑创作当中。他为建筑的附属设备涂上艳丽的色彩，而且纯度极高。这样的处理就能够使色彩发挥它强大的效能，以激起人们情感的共鸣。

当然，罗杰斯在运用色彩的过程中也应用了许多艺术技巧。比如他总是将建筑中最夸张、最具表现力的设备构件涂上浓艳的色彩。这样，那些夸张的、艺术化的设备构件，更加有助于吸引人们的注意力，使色彩能够更有力的打动人心。

例如在欧洲人权法庭（European Court of Human Rights, France, Strasbourg, 1989～1995）这一建筑中，罗杰斯为了强调那些外露的楼梯单元，不仅赋予它们特殊的艺术形象，同时还将其涂上鲜艳的红色，使它们的形象得以突出。这样，它们的存在已经超出了普通交通设备的范畴，而是作为建筑当中重要的视觉元素，充当着艺术品的角色（图1-21、图1-22）。在这里，罗杰斯通过颜色的巧妙运用，提升了交通设备的审美价值。

在伦敦的伍德大街88号（88 Wood Street, England, London, 1993～1999）中，罗杰斯对于颜色的运用则更为大胆。他将外露楼梯的支撑柱涂上明亮的黄色，与它的独特形象相配合，

图 1–21（左上）
红色的支撑杆件

图 1–22（右上）
红色的旋转楼梯

远远望去十分夺目。在这里，罗杰斯将这个楼梯单元视为建筑形象当中独具震撼力的视觉审美要素加以重点处理。通过对建筑色彩的大胆运用不仅强化了技术的力量，同时也加强了建筑艺术形象非凡的表现力（图 1–23、图 1–24）。

另外，罗杰斯还善于利用色调对比来突出色彩的表现力。他在建筑中总是恰到好处地运用艳丽的色彩，虽然面积不大，但是却能与建筑中占主导地位的灰色调形成鲜明对比，这样色彩处理会使表现对象显得更加炫目，其所具备的情感感染力也随之增加，审美效力突显。日本京都往南雄小学（Minami Yamashiro Primary School，Japan，Kyoto，1995 ~ 2003）墙面色彩的运用即为一例。该建筑主要采用混凝土材料，其颜色灰暗。罗杰斯在墙体的近人尺度处涂上了绿色、粉色、黄色等鲜艳的色彩，使得观赏者在接受整体灰色调的视觉洗礼后，会觉得眼前突然一亮。那些艳丽色彩的视觉震撼作用也随之变得更加强烈，为技术形象添加了艺术感染力和表现力。同时，这种墙体色彩的运用也大大满足了小学生们喜

图 1–23（左下）
黄色的楼梯结构（一）

图 1–24（右下）
黄色的楼梯结构（二）

好鲜艳色彩的天性，十分符合建筑的整体性格（图 1–25 ~图 1–29）。

其二，炫目的色彩满足了当今人们表层化、功利化的审美心理。当代社会的变革，使人们工作、生活的节奏逐步加快。人们越来越需要一种快餐式的审美方式。而先进的科技成果丰富了当今视觉艺术的形式，也令这种快餐式的审美活动得以实现。如今，这种审美方式已经成为人们审美活动中的习惯，其突出表现就是“视觉

图 1–25（左上）
色彩斑斓的京都往南雄小学外部形象

图 1–26（右上）
京都往南雄小学红色的墙面

图 1–27（左中）
迎合儿童心理的建筑色彩（一）

图 1–28（右中）
迎合儿童心理的建筑色彩（二）

图 1–29（下）
迎合儿童心理的建筑色彩（三）

先行”。人们的审美心理从关注审美事物的深层精神含义，转为单纯地关注眼睛所看到的视觉刺激。他们期待新奇夸张的视觉冲击力，更加偏爱图像化、直观化的感性体验。

这种审美心理和接受习惯的改变自然延伸到建筑审美领域中来。以往的建筑审美是叙事性的，是一种文本式审美。建筑语言的叙述性较强，以理性的表达为主。观赏、解读建筑时必须为建筑寻找到传统、历史、地域、文脉等文本支持。而当代建筑审美的叙述性则日益边缘化，建筑审美由文本式审美向视觉化审美拓展，以感官化、感性的表达为主。观赏、解读建筑时只要跟随个人的感觉来体验即可。这体现在当代建筑技术的美学领域，就是人们欣赏技术形象的时候，首先希望获得的并不是深邃的阐释性内涵，而是即时的快乐感受，是新奇刺激的视觉满足。

罗杰斯在建筑创作中这般运用色彩，可以说与英国 20 世纪 60 年代工业建筑色彩经验的影响不无关系。但是更为直接与关键的原因还是与当今社会审美转型这个因素密切相关。在罗杰斯的建筑作品中，技术构件炫目的色彩单纯地作为视觉艺术元素起作用，拒绝理性分析等精神层面的内容。例如巴黎蓬皮杜艺术中心这幢建筑。那红色的交通设备、蓝色的空调设备管道、绿色的给排水管网、黄色的电气设备，它们交织错落，颜色激烈碰撞。在这里它们首先给人们提供的并不是深邃的理性思考，而是直接的、表层的快乐享受，是一场个性化的饕餮视觉盛宴（图 1–30 ～图 1–35）。

图 1–30
巴黎蓬皮杜艺术中心炫目的设备色彩（一）

图 1-31（左上）
巴黎蓬皮杜艺术中心炫目的设备色彩（二）

图 1-32（右上）
巴黎蓬皮杜艺术中心红色的交通设备

图 1-33（左中）
巴黎蓬皮杜艺术中心绿色的给排水管线

图 1-34（右中）
巴黎蓬皮杜艺术中心蓝色的空调设备管道

图 1-35（下）
巴黎蓬皮杜艺术中心黄色的电气设备

综上所述，罗杰斯通过使用炫目的色彩，给人们提供了无深度的、停留在视觉感知表层的震撼体验。这种处理方式迎合了新时代人们的审美心理，而具有较强的艺术生命力。从罗杰斯的这些作品中我们也可以看到当代西方建筑审美领域追求功利化、直观化的审美心理转变，从而重新思考我们的建筑创作。

二、审美符号的转化

如前文所述，现实符号可以借助于艺术化的形态处理给人提供审美的体验。但是这样的现实符号并不能等同于审美符号，它要满足一些条件才能蜕变成审美符号。这有如石墨与金刚石，要经由碳原子的特殊组织才能实现本质的飞跃。

罗杰斯通过精湛的艺术手法使那些原本属于功能范畴的技术单元实现了这一飞跃，让技术形态具备审美的特征，产生审美价值，使其从现实符号向审美符号发生转化。罗杰斯这种处理手法带有浓厚的艺术韵味，这也正是他的作品区别于他人的特别之处。他借鉴当代艺术的成果，将创造性、同构性、超越性等审美事物所具有的共同特征赋予了技术单元，使他的建筑作品中技术单元提升为审美符号。需要说明的是，每一个事物在生成审美符号时，通常都同时具备几个审美特征，但是在这个过程中，总是有一个审美特征作为主导力量起作用。因此，我们试图从每个审美符号中起主导作用的审美特征入手，分析罗杰斯作品中的技术单元是如何从普通的现实符号生成具有审美价值的审美符号的，了解具备审美特征的技术应该具备什么样的特征。进而指导我们的建筑创作实践，为我国创作出优秀的、具有审美价值的建筑作品提供一些可资借鉴的参考。

1. 材质的创造性转化

创造性是审美事物的一种重要特征。它主要是指审美事物在审美活动的过程中将自身蕴含的特征以崭新的方式表现出来，从而产生前所未有的审美形式和审美意蕴。

凡是审美的事物必然具备创造性，但是这种创造性并不是与生俱来的，而经由艺术家的发现和提炼才得以展现的。正如清代诗论家叶燮说的那样："凡物之美者，盈天地间皆是也，然必待人之神明才慧而见。"[1] 其实世间的万物都具备美的因子，只是有待于人的"神明才慧"去开发和表现。也就是说，审美的事物原本就是普通的事物，只是由于艺术家发现了它潜在的美，并将之成功地表达出来，使之能够传达到人们的审美体验活动之中，我们就说它成为了审美的事物。那么艺术家提取、开发该事物潜在的美的过程，也就是赋予它创造性的过程。

艺术家之所以能够成功地赋予审美事物创造性，是因为他们观察世界的方式与我们存在着很大的不同。我们在依靠感官的直觉认识世界的过程中，总是满足于认识周围事物的一些共同不变的特征。例如，我们看到低矮的、丛生的绿色植物就会笼统地认为它们是青草，通常不会再去分辨它们之间的不同，也不会仔细地观察每一簇青草的纹理、色泽和形态。正如卡西尔在《人论》中所说的那样："我们可能会一千次地遇见一个普通感觉经验的对象却从未'看见'它的形式。如果要求我们描述的不是它的物理性质和效果而是它的纯粹形象化的形态和结构，我们仍然会不知所措。"[2]

然而，艺术家却可以通过他们的专业素养弥补这个缺陷。他们具有一种创造性地发现事物特征的能力，并将这种能力运用于实际的艺术创作当中，这是在普通感觉经验中不可能实现的。他们的眼光并不是同我们一样被动地接受和记录事物的印象，而是创造性地提取事物的个性化要素，并将其显露出来，赋予其明确的形态。如印象派艺术家莫奈在他的绘画作品中将伦敦的雾画成了紫红色，而在此之前生活在伦敦的成千上万的人们，谁也没有"看见"过这种紫红色的雾（图 1–36）。莫奈将生活中最常见的雾的显著特征提取出来，并很好地对其进行艺术加工，使之成为能给人审美愉悦的艺术佳品。在这个过程中。莫奈既探索性地发现了"雾"潜在的美，也成功赋予了它创造性，使其具备了审美价值。

综上所述，当一件事物潜在的美被艺术家以前所未有的形式开发出来，通过艺术手段加以表现，并且能够给人们提供一定的审美愉悦。我们就说，

图 1–36
莫奈画作中紫红色的雾

这件事物因为被赋予了创造性，而具备了审美的特征，成为了一个审美符号。

基于对技术性能的深入了解，罗杰斯能够在技术构件的创作中提炼出别人从未注意的技术美，将之成功地表现出来，使技术构件具备创造性的审美特征，从而使普通的现实符号向审美符号上升。其中在建筑材质的应用方面，特别是对于玻璃这种透明材质的运用上表现得最为典型。

玻璃作为建筑中重要的功能与装饰要素，早在11世纪就被建筑师应用在建筑当中。随着技术手段的发展，玻璃的生产工艺与生产水平日趋进步。今天，玻璃已经成为现代社会极其普通的材质，被广泛应用于生活用品、生产用品当中，遍布我们生活的每一个角落。因此，对于玻璃这种生活常见品，人们已经司空见惯了。在看到它时，人们也只是粗枝大叶地观察其大致效果，知道这是玻璃就行了，并不会特别地注意它的具体形态特征。按照俄国美学家什克洛夫斯基的理论来讲，就是人们的观察已经变得“自动化”了。在这种情况下，玻璃仅仅作为一个普通的现实符号而存在。

罗杰斯却利用自己纯熟的技术手法，赋予玻璃创造性，使其成为审美符号。他在运用玻璃材质的过程中，有意地将那些被人们忽视的形象特征提炼出来，并加以表现，让人们在看到玻璃的时候不再是仅仅看到其大致外表，而是能够被玻璃那独有的特征所吸引。其具体手法如下：

其一，突出玻璃透明的特征。玻璃的透明性是它区别于其他建筑材质最显著的特征。然而，由于人们平日里观察的“自动化”，对玻璃的这一特性也日趋淡漠。而罗杰斯则利用运用方式的不同，强化了玻璃这一透明的特性。通常建筑中的玻璃幕墙，主要是作为公共空间或办公空间的外表皮而存在的。人们从建筑外部可以看到建筑内部的人的活动。而罗杰斯不仅如此运用玻璃，还将它作为设备间的外表皮。这样建筑外面的人们不仅可以看到建筑内部的人的活动，还可以看到电梯、楼梯、通风管道、电气线路等建筑设备的运作状况，甚至连排风口的孔洞都清晰可见。当人们透过玻璃看到这些平日里轻易看不到的建筑内部工作情况的时候，他们会感到惊奇和满足，也会自然地对玻璃这一具有透明质地的材料给予特殊的关注。这样，玻璃的透明特性在人们心中得到强化。

如前文所述，罗杰斯将劳埃德注册公司处理得犹如一个水晶体，几乎整个建筑体都采用了玻璃——这一透明的建筑表皮。而最能突出玻璃材质透明性的当属罗杰斯对于交通设备间的处理。在这里，罗杰斯没有采取遮蔽设备间的方式，而是仍然用玻璃覆盖其表面，让楼梯的结构、电梯的具体运作情况清清楚楚地展现在人们面前（图 1–37 ~ 图 1–40）。以往人们在使用建筑时，只能接触到楼梯的踏步和栏杆、电梯的电梯间，而对于这些交通设备的结构却浑然不知。然而，这个建筑揭开了这个看似神秘的面纱，将这一切不加掩饰地展现在人们面前。人们在这里得到了前所未有的视觉满足和心灵震撼。这不仅仅是因为看到了交通设备的整体面貌，更是惊叹于设备间那表皮的透明性，居然可以让一切变得一览无余。就这样，罗杰斯通过技术的手法恰到好处地强化了玻璃的透明特性。

在英国伦敦的劳埃德大厦（Lloyd's of London，England，London，1978 ~ 1986）中，罗杰斯的这种技术手法体现得更为鲜明。罗杰斯不仅通过玻璃的建筑表皮将电梯间的内部设施展现在人们的视野之中，同时还将通风管道和通风口也不加掩饰地展示出来。透过透明的玻璃表皮，人们可以清晰地看到设备运作的过程：电梯的上上下下，电梯内人们的微笑动作，甚至连每一个细小的通

图 1–37（左下）
伦敦劳埃德注册公司透明的建筑表皮（一）

图 1–38（右下）
伦敦劳埃德注册公司透明的建筑表皮（二）

风口都清清楚楚（图 1–41、图 1–42）。罗杰斯的这种技术运用方式，不仅满足了人们天生所具有的好奇心，使其了解了技术设备的具体运作。同时也在人们心里强化了玻璃的透明特性，增加了人们对于玻璃的透明性的好感。

图 1–39（左上） 伦敦劳埃德注册公司透明的建筑表皮（三）

图 1–40（右上） 伦敦劳埃德注册公司透明的建筑表皮（四）

其二，突出玻璃坚固的特性。技术成就发展到今天，玻璃具备了更多优越的性能。它坚硬牢固，可以承受较大的荷载；所以经常以玻璃幕墙的形式出现在建筑当中。但是长久以来，建筑中的玻璃主要是作为采光材质起作用的，人们已经约定俗成地认为它是窗户的一部分。所以今天建筑中的玻璃幕墙多数还是以大玻璃窗的形式出现，被镶嵌于墙垛之间，其坚固的特征在视觉形象上没有得到突出。而罗杰斯希望将玻璃的坚固特性体现出来。在伦敦的伍德大街 88 号办公楼这一建筑中，他极其夸张地运用玻璃材质，让它作为建筑形象中“墙”的绝对主导要素，而非只有采光一种功能（图 1–43）。罗杰斯这样大面积地运用玻璃，突破了传统的应用模式，引起了人们的注意：原来玻璃不仅可以为人们带来光亮，而且还如此坚固，可以像外墙一样挡风遮雨。

总之，罗杰斯通过艺术化的手法，将玻璃的特征全部显现出来，使这种透明的材质在他的建筑作品中具备了创造性的审美特征，促

图 1-41（上）
伦敦劳埃德大厦清晰可见的电梯间结构（一）

图 1-42（下）
伦敦劳埃德大厦清晰可见的电梯间结构（二）

使人们心中产生了新鲜的视觉感受。当人们发现这种熟悉的玻璃材质产生了一种从未被“看见”过的效果的时候，他们感慨、惊奇，从而以一种无功利的、愉悦的情绪去审视它，这种情绪便是审美的情绪。罗杰斯通过对技术形象特征敏感的把握，创造性地将它们各个方面的生命力展现出来，成就了超越于现实感觉之上的审美感受，从而促成现实符号向审美符号生成。

图 1–43
伦敦伍德大街 88 号办公楼通透的玻璃幕墙

2. 构件的同构性转化

同构性是诸多审美事物所具备的特征。当一个事物的形象与人们心理产生同构作用，我们就说它具备了同构特性。这种具备同构性的事物可以引发人们自由广泛的遐想，进而激发人们的审美感知。因此我们认为，赋予一件事物同构性的过程，就是使它从现实符号转化为审美符号的过程。

同构，顾名思义即指两个事物具有同样的或类似的抽象结构。很多审美事物的审美效力就是借助于这种同构作用而生成的。

在审美的领域中，同构作用通常是在一个“在者”和一个“不在者”之间起作用的。眼前的事物是“在者”，潜藏在人们心中的事物为“不在者”。如果这个“在者”与人们心中的“不在者”具有同构性，它就能够借助于同构作用激起人们的联想，而引出那个“不在者”，使这个“不在者”也成为“在者”。需要说明的是，“在者”与“不在者”之间的同构必须是一种抽象结构的类似，它们之间一定是“神似”大于“形似”。只有这样才能引发人们的自由联想，产生审美效力。

具备同构性的艺术品在我们的生活中十分普遍。如苏州园林中的太湖石因其美好的形态成为苏州园林中独具特色的景观。它外形清瘦、姿态秀美、旖旎多态，古往今来文人墨客在作品中经常将之比喻成婉约、秀丽、端庄的江南女子（图 1–44）。但是这两者在形态上并不存在具象的联系，无论从体量、质地还是色泽方面来看，它们都毫无相像之处，并且差之甚远。然而它们的似就似在气质与神态上。太湖石与江南女子都具备柔美、清秀的神韵，就这个角度来说它们具有类似的抽象结构。因此，太湖石（“在者”）凭借它与女子的同构性，对人们心理产生了同构作用，引发人们对于江南清秀女子（“不在者”）的联想。二者形异而神似，处于似与不似之间，激起人们心中的自由想像。

同时，由于太湖石这个“在者”与江南女子这个“不在者”之间存在着某种可替换关系。这一关系既具有自由性也具有规定性，因而在相互替换和叠印的过程中，人们的心理感悟带有几分游戏的性质，体现的是人类心灵空间的相对自由。正是这种相对的自由使不同领域的对象直接沟通，由此及彼，触类旁通，互相启示，引发灵感。其直接结果就是产生了新的复合意象，即审美意象，并最终产生审美意趣。

同构作用既牵绊着人的思维，又给其足够的自由空间，产生了相对自由的感性活动，从而生成美感体验。一件物品也正是借助这种同构力量，从普通的自然之物升华为绝佳的审美事物。

在审美的事物中，只有一少部分是先天地具有同构性，绝大多数的审美事物都是依托艺术家的艺术才能而具有了这种审美特性。罗杰斯在建筑作品中充分发挥了他的艺术才能，使许多技术要

图 1–44
留园中太湖石

素具备了同构性，生成了审美符号。这其中以技术构件单元的同构性最为显著，主要表现在以下两个方面：

第一，构件严整的秩序关系与构件良好性能的同构。罗杰斯在建筑技术的处理上体现出严谨而又精致的工艺手法。他创造了秩序明晰的构件系统和特征鲜明的技术细部，并将这种理性有序的技术形象夸张地暴露出来，使技术构件系统具有了较强的同构性。构件体系严整有序、条理分明的关系表现出严谨的设计态度、科学的施工工艺和认真的设计方式。这能够引起人们心中同构的情绪。当人们看到眼前这严整有序的构件形象，就会自然地认为不仅是建筑的每一部分构件体系，整个建筑都是一个精雕细琢的精品，建筑的每一部分一定都是经过精心设计与施工的，每一个细节都是经得起考验与推敲的，从而大大地增加了人们对建筑的信任度，并引起了发自内心的好感，即审美愉悦。

几乎在罗杰斯所有的作品中，这种良好的技术构件关系都有很好地展现。因此，这种同构作用也就体现在他的每一个作品当中。例如，在日本东京的歌舞伎町办公楼的设计中，罗杰斯在建筑的中部布置了一个小型的露台。这个露台的支撑技术体系所体现出来的严整秩序令人叹服！每两个纤细杆件之间的交结，每一个多维度的技术节点，甚至露台下方的结构网格都是那么精准、那么严密，没有一丝一毫的偏差和错位（图1–45、图1–46）。这样缜密的构件体系能够很轻易地激起人们对整个建筑的好感，让人们相信这个建筑也一定是这种精密工艺塑造出来的艺术精品。在这种喜爱的、信

图1–45（左）
东京歌舞伎町办公楼的露台

图1–46（右）
东京歌舞伎町办公楼露台细部

任的心理作用下，审美愉悦便油然而生。

第二，构件夸张的形象与良好性能的同构。当今技术的飞速发展不仅极大地带动了物质领域的全面进步，也丰富着人们的精神生活。技术以那巨大的、潜在的力量渗透到人们的思维体系当中，改变着人们的价值观念和审美取向。今天，人们越来越相信当代高新技术，相信它能为人们的生活带来无穷的益处，由此爱屋及乌地青睐于技术产品的形象，并对技术表现感极强的建筑形象和技术构件本体形象大加欣赏。

基于这样的审美观念，罗杰斯自信地将技术构件袒露于建筑外部，使这样的构件形象与构件良好的性能形成了同构关系。夸张的技术构件形象作用于人们心理，激发了人们对于技术膜拜的潜在心理，唤起人们对于技术信赖、崇敬的情绪，让他们不由自主地联想到技术曾带来的良好功效和舒适便捷的生活，从而对眼前的技术产品也相应地产生喜爱之情，并生发出更深层次的审美愉悦。罗杰斯作品中那夸张的构件形象固然有着它不可代替的功能作用，但是更大程度上它已经成为优越的技术性能的象征。它与良好的技术性能产生同构作用，作用于人们的心理，使本来不相容、不可入的两个事物彼此融合并划入到复合机制，生发出感性的幻想。这种幻想是美好的、自由的，其产生的结果也就是丰满的审美体验。

英国格林威治的新千年体验中心（New Millennium Experience，England，London，1996～1999）就是一个夸张运用当代先进技术成果的优秀范例。在这个建筑中，罗杰斯创造性地采用了12根硕大的结构柱，用充气膜结构覆盖整个基地。那12根黄色的钢柱犹如擎天柱一样，冲出圆穹，高耸云霄，充满着浓郁的时代感与高科技的韵味（图1–47～图1–52）。这些显赫的技术形象，不仅代表着新时代的技术成就，也表达了当代技术的强大力量。根据人们的既有经验，以往建筑技术的每一个小小的进步，都为人们带来了无限的便捷与舒适。而这个建筑中新技术成果的应用更是让人们对其充满了信任感。人们相信这样的高新技术也必定会为生活带来更大的益处。在这种美好的期待和信任心理的同构作用下，欢快的审美情绪也会相应地产生。

罗杰斯在建筑作品中，将眼前的技术构件作为“在者”，用它唤出良好的技术性能这一“不在者”，从而引起人们的心理感悟，激起人们既具有规定性又具有自由性的想像，产生审美体验。这也

图 1–47（左上）
格林威治新千年体验中心鸟瞰图

图 1–48（右上）
格林威治新千年体验中心显赫的技术形象

图 1–49（中）
格林威治新千年体验中心的建筑结构（一）

图 1–50（左下）
格林威治新千年体验中心的建筑结构（二）

图 1–51（右下）
格林威治新千年体验中心的构思草图

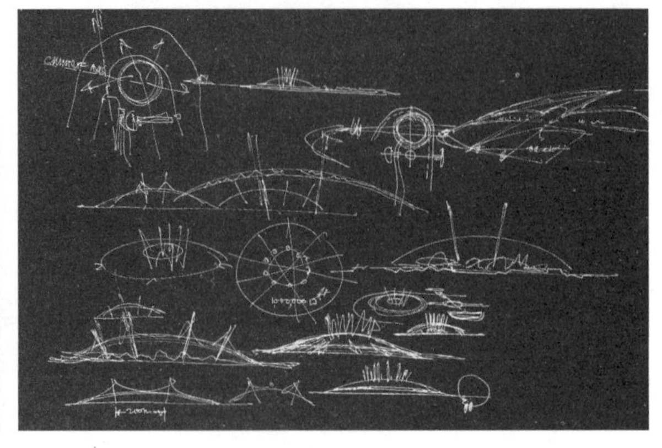

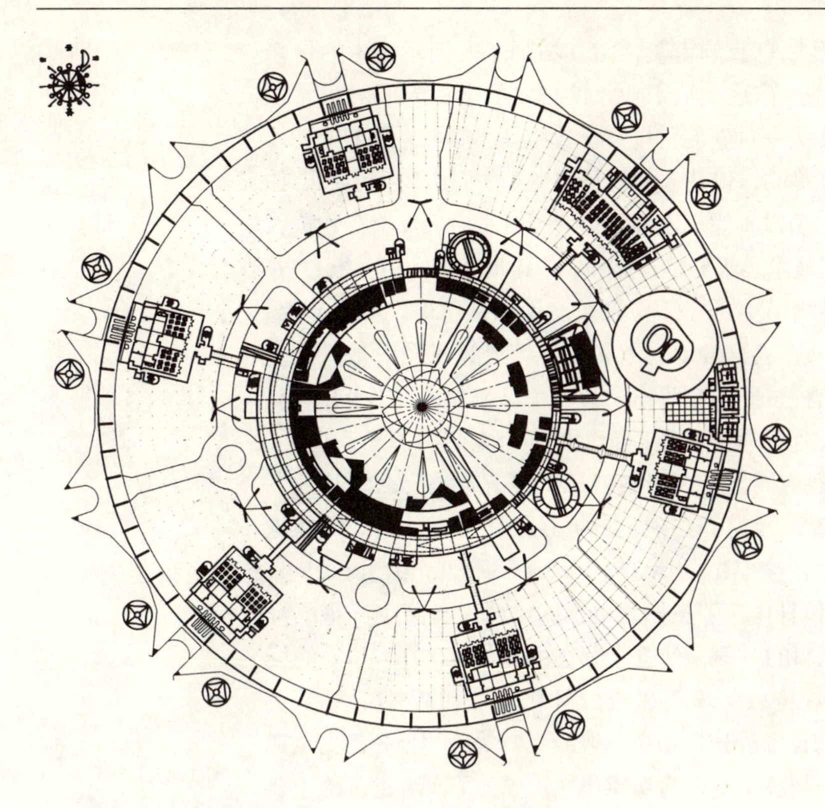

图 1–52
格林威治新千年体验中心平面图

正是罗杰斯借助于技术构件与人们内心的同构作用，使技术构件脱离了现实符号的范畴，转化为审美符号的有效途径。

3．设备的超越性转化

超越性是审美符号区别于现实符号的标志性特征。符号美学认为，审美对象就是现实符号超越了其自身的现实价值，并产生审美价值的结果。也就是说一个现实符号只有具备了超越性，产生审美价值，它才成为了一个真正的审美符号。

罗杰斯在建筑创作中，将“超越性”这一审美事物必备的特性引入到技术创作中来，产生了更为全面、更为深刻的审美内容。其中最突出的莫过于那些独具表现性的技术设备。它们本是为建筑功能的正常运作而服务的器物，却因为具备了超越性能够提供给人们审美体验，成为审美对象。这种转化表现在以下两个方面：

一方面，建筑设备由于夸张地表现自我，超越了单纯的功能属性，而带有了歌颂自我的审美情绪，增加了人们对技术的信赖程度。如前文所述，在这个后工业化的技术社会，人们对科学技术的崇拜已经演变为一种新的科技拜物教。虽然技术味道浓厚的外观并不一定等同是美的，但是人们还是愿意相信它会为生活和工作带来益处和便利，所以不假思索地认可它、赞赏它。反映在建筑界那就是夸张地表现技术，极力将其提升成为建筑装饰的新对象。

为了顺应这种审美趋向，罗杰斯着意地强化建筑设备的形象。电梯、扶梯、通风管道、排水管道和电缆管道等附属设备，这些原本只是建筑上普普通通的服务设施，仅仅确指着现实的内涵，如换气、排水、交通等服务功能。而罗杰斯对它们作了艺术处理：要么使其色彩浓烈艳丽，要么令其外形奇特有趣，要么将其放置于显著暴露的位置，使它们在视觉上被强化和突出。例如，在伦敦的布劳德威克住宅（Broadwick House，England，London，1996 ~ 2002）的设计中，罗杰斯将电梯的结构设备涂上鲜艳的红颜色，并置于主入口的一侧，使之十分夺目，成为建筑入口处的标志（图 1–53）。而在伦敦劳埃德注册公司中，红色的电梯设备、黄色的楼梯、蓝色的设备管道、银色的遮阳百叶等附属设备，更是在他的艺术处理下，超越了本来的功能属性，成为了这幢建筑的主要装饰元素（图 1–54）。这种处理技术构件的手法已经成为罗杰斯的一个标志性艺术手法，在其作品中多有出现。这种做法就好像医学中的解剖术，将建筑肌体解剖开来，让内部器官暴露于人的视野之中。这不仅营造了触目惊心的视觉效果，同时也令人清晰地看到以

图 1–53（左下）
伦敦布劳德威克住宅入口暴露的设备

图 1–54（右下）
伦敦劳埃德注册公司暴露的设备

往被遮蔽隐藏的建筑的内部构造，清楚地了解建筑设备的运作过程和状态。这样大大增加了人们对技术设备的信赖度、对技术成果的了解度，增强了人们对于技术的信心与热爱。这种突出建筑设备的做法，使设备超越了它单纯的现实意义，而带有肯定自我、歌颂自我的审美情绪，为当代人们带来了新鲜丰满的审美体验。

另一方面，建筑设备由于夸张地表现自我，超越了现实情绪，而带有了歌颂当今技术时代的泛指意义。如罗杰斯在巴黎蓬皮杜艺术中心的设计中就充分做到了这一点。这个具有国际影响力的建筑浑身上下充满了奇特与新颖的审美要素，这其中最令人瞠目结舌的莫过于那些立面裸露着的各种设备管道、电缆管道、上下水管道、通风管道等等（图 1–55、图 1–56）。这些本属于建筑内部的“器官”，其确指的都是现实的情绪内容：由于建筑设备的存在和正常运作给使用者带来舒适的室内感受，人们因此获得的良好功能体验。

然而，当它们被“翻肠倒肚”似的置于建筑表面、涂上艳丽夺目的色彩，给人一种强烈的视觉震撼和冲击的时候，它们传达的不再仅仅是现实情绪。它们吵吵嚷嚷、喧宾夺主，成为了这个场合的主角，建筑只不过是它们精彩演出的配角或背景。在这里，设备已经完全成为了一种审美事物，它们的审美价值远远高于现实意义，而是带有审美内涵的泛指意义——设备用自己独有的艺术语言，宣告着高科技时代的来临；引导着人们对工业文明和人类文明价值的

图 1–55（左）
巴黎蓬皮杜艺术中心暴露的设备（一）

图 1–56（右）
巴黎蓬皮杜艺术中心暴露的设备（二）

追求和领悟；唤起人们的现实情感活动：对工业形象的敬畏、对技术成就的信赖、对工业文明的热爱等等。由此，每个审美个体都在审美事物所包含的隐喻内涵的作用下进入到自由体验之中，从而思考技术的价值、工业文明的价值乃至人生的真正价值，这样这一审美事物超越了它自身的现实情绪而具备了泛指的意义。

总之，罗杰斯运用艺术手法赋予建筑设备以超越性，让它在由现实符号转化为审美符号过程中，消解、超越了它的现实内涵，具备了深层次的审美内涵，向审美符号生成。

三、艺术符号的升华

罗杰斯将现实符号进行特殊组织，使之转化成审美符号。但是原生态技术向艺术技术生成的进程并未到此为止，它还需要具备一定深度的审美意义，才能彻底地升华为一个完整的艺术符号，即艺术品。

我们要全面地解读罗杰斯技术创作中的审美形态，自然需要对技术形态所具有的审美意义作深入地了解。由于一件艺术品是不能分解成若干单元的，它是一个独立的艺术符号。因此，我们将罗杰斯技术创作的最终产物——建筑——这一完整的艺术符号作为研究对象，解读它的艺术表情，解读它体现出来的审美意义，从而了解艺术技术所应具备的深邃的内涵，把握建筑技术审美的时代走向，并指导我们的技术创作。

1. 技术形象的独白

让技术形象成为建筑外观的主导元素是罗杰斯建筑作品最为显著、最为突出的建筑表象。这一建筑表象稳定地、一贯地存在于他的每个建筑作品当中，成为罗杰斯建筑作品的标志性特征。罗杰斯本人对于建筑的审美一直也抱有这样的理念：建筑不需要额外的附加装饰，只要技术充分发挥了它的功效，并将自身特质恰当地展示出来，美就会自然而然地产生。这一理念的成功实践，使罗杰斯的个人风格独树一帜，令其作品具有与众不同的审美体验。

首先是基于功能体验之上的技术审美体验。根据技术美学的阐释，由于建筑具有显而易见的功利性目的，因此对于建筑美的探讨绝不能止于单纯的形式美，更应该包含功能美。功能美的产生主要来自于人们对有用性的满足。也就是说，当一个物品创造了很好的效能，让人们使用起来得心应手、心旷神怡的时候，人们便会对其产生好感，并认为它是美的。

罗杰斯通过适宜的技术创造了良好的建筑使用效能，在无形之中提供了功能美的体验。他在建筑创作中，尤其是近期的建筑作品中，坚持技术的合理运用，在最需要的地方使用最适宜的技术，以有效、经济、恰当的方式满足人们对于建筑舒适度的需求。罗杰斯通过这种技术方式给人们提供了优质的建筑环境和建筑功能，让人们在使用建筑的过程中得到物质上的满足。人们从罗杰斯的建筑中获得了直接、纯粹的功能美体验之后，便自然而然地对其产生了美的情绪。

其次，以技术形象为主导的建筑外观带有浓郁的新时代气息，会给人们带来时尚、前卫的精神体验。我们知道，罗杰斯对技术的合理运用营造了良好的建筑环境，但是作为观赏者来说，他们并没有进入建筑去体会舒适的环境，只是看到复杂的、缜密的技术形态，可是他们也同样产生了美的情绪。那么，他们所得到的美感体验就是来自于技术形象所传达出的时代精神内涵。

今天，科学技术的发展成为我们这个时代的标志性特征。科学利用技术手段推动了社会各个方面的快速发展。某种程度上，技术本身已经成为一种象征，它象征着新时代、新社会、新观念、新力量、新品味、新方向、新时尚。它渗透到人们的价值观中，代表着先进、高端、优越、深邃、超前、前卫的内容，充分体现了当今时代的精神。

罗杰斯建筑中那勇于自我表现的技术形象张扬了这种精神，给人精神上的审美体验。日本东京的歌舞伎町办公楼就是这样的一个实例。它位于一个狭窄的街区内，为了获得充足的日照，罗杰斯在楼前作了一个倾斜45°的玻璃房（图1–57～图1–59）。为了能够抵抗强烈地震和台风，并在视觉上产生轻巧的美感，玻璃房采用了类似帆船桅杆的结构，并用纤细的杆件与硕大的螺栓组合（图1–60～图1–63）。这样，倾斜的大跨度玻璃顶、悬吊玻璃顶的纤细杆件、精准严密的构件体系，这些都使建筑带有一种扑面而来的时代感，仿佛给建筑贴上了鲜明的新技术时代标签，用非常直白的建筑语言宣告着对技术的膜拜。在这里，技术形象以不加掩饰的方式进行着自我表现，不仅成为建筑表现的一种手段，更

图 1–57（左上）
东京歌舞伎町办公楼草图

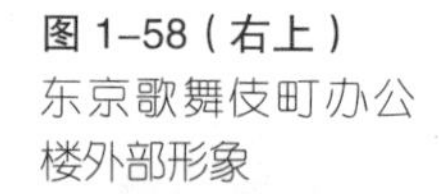

图 1–58（右上）
东京歌舞伎町办公楼外部形象

图 1–59（左下）
东京歌舞伎町办公楼技术细部（一）

图 1–60（右下）
东京歌舞伎町办公楼平面图

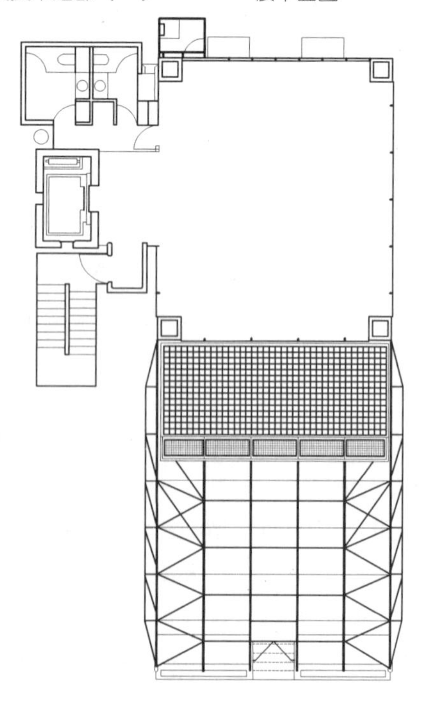

图 1-61（上）
东京歌舞伎町办公楼技术细部（二）

图 1-62（左下）
东京歌舞伎町办公楼技术细部（三）

图 1-63（右下）
东京歌舞伎町办公楼技术细部（四）

象征着科学技术和时代精神的物化外显。这样的建筑形象迎合了当代人们的审美口味，满足了人们追求前卫、时尚、高端、深奥的审美心理需求，使人们在精神上得到了审美体验。

而更为重要的是，罗杰斯这种用技术取代装饰的手法，激发了当今建筑界技术审美的觉醒，促进了建筑审美新取向的产生。罗杰斯将技术形象的审美潜力科学地挖掘出来，使之成为建筑外观的一个重要表现手段。这种做法打破了传统建筑学的那种从传统美学角度塑造建筑形体的常规做法，让技术从幕后转到台前来，使工业技术、信息技术、生态技术等技术措施以造型艺术的形式表现出来，用技术细部取代建筑装饰，用光滑的外表、高贵的材料、现代的设备作为全新的建筑形象。罗杰斯通过自己的作品，向建筑界乃至全社会宣告，在这个科学技术高度发展的社会里，技术已经不再仅仅是人们改造自然、创造美好生活的工具，它的形象本身就体现着设计的文化内涵与品格，体现着人们面向未来的文化理想与生活态度。罗杰斯的这种技术创作手法，是对时代精神的歌颂，也是具有鲜明时代感的审美表达，他的成功实践无疑唤起了技术审美形象的觉醒，并有力地推动了它的发展。

2．工艺技巧的诱惑

(1) 工艺的雕琢之美

17 世纪，法国建筑师克劳特佩奥特提出建筑有两种美：精致缜密的工艺美 (positive beauty) 和更迭无常的风格美 (arbitrary beauty)。这两种建筑美最大的不同在于，建筑的风格美可以随着时代、地域、社会的更迭而发生较大的变化，甚至在一个新时代到来的时候，它可以对以前的建筑风格、形式提出否定性的批判。而工艺美则是建立在“仔细的”工艺技术基础上，其审美价值在于它的精致与缜密，因此它并不会因时代风尚的变更而受到影响，美的内容是稳定恒久的。

罗杰斯在作品中塑造的就是这种稳定持久的工艺美。这种工艺之美使建筑形象不仅充满了理性严谨的气息，同时也带有强烈的视觉诱惑力，给人们带来丰富的视觉享受和情感体验。

首先，罗杰斯依靠精湛的工艺技巧给人们提供了理性、严谨的审美感受。

罗杰斯是一位十分重视建筑构造工艺的建筑师。他秉承了英国人特有的严谨与理智，将建筑当作一个工业产品来看待，用一种精雕细琢、一丝不苟的严谨态度对待每一个技术细部的构造工艺。在罗杰斯的建筑作品中，几乎所有的建筑技术单元：大至升降电梯，小至遮阳板的材质肌理，都在他的关注之下具备了理智、典雅、精细的品格特征。在欧洲人权法庭这一建筑中，罗杰斯更是以其精湛的工艺技巧塑造了精美至极的技术形象。在室内楼梯的设计上，他采用了悬空的金属预制板作为踏步，锃亮纤细的钢管作为扶手，清亮明晰的玻璃作为楼梯的栏板，并以精准的构造工艺将它们铆接在一起，形成了一个线面搭配的构件单元。在这个构件单元中，不论是纹理分明的金属材质，还是明确体现受力关系的钢架结构，甚至那些穿插于不同板材之间的一颗颗铆钉，都洋溢着缜密的性格气质。就连那斑斓、醒目的色彩构成都带有蒙德里安式的理性风格（图 1–64）。总之，罗杰斯通过精致、缜密的工艺技巧不仅给人们带来舒适的功能体验，更以其理性的形象传达给人沉稳、冷静的审美愉悦。正如现代主义建筑大师密斯说得那样，建筑开始于两块砖被仔细地连在一起。当罗杰斯将建筑的基本构造元件按照力学规律，精细地、严谨地组合在一起的时候，它们就能够轻松地超越结构物的本初属性，具备了一定的审美特征，给予人们理性、严谨的审美感受。

图 1–64
欧洲人权法庭楼梯精湛的工艺

而在罗杰斯看来，缜密的工艺技巧不仅要给予人们理性的美感体验，更应该对人们视觉产生诱惑，只有这样才能使审美体验的内容更加生动。

罗杰斯将“诱惑”看作是艺术创作乃至美好生活中必不可少的要素。他说：“诱惑对于任何东西都是很重要的：食物的诱惑、人之间的诱惑、建筑的诱惑。这些都是感官上的，可能这就是建筑中诗意的一部分，是在建筑中听到的音乐。”[3] 罗杰斯力求使自己的建筑作品具有优雅并且强烈的视觉诱惑力。他的这一理念在技术工艺的营造上得到了较为成功的实现，并逐渐成为他技术创作的个性化特征。例如他近期的作品——位于比利时安特卫普的法院（Antwerp Law Courts，Belgium，Antwerp，1998 ~ 2005），建筑的钢架结构系统条理分明、秩序井然，那风帆一样的屋顶与规则有序的采光天窗也严密地结合在一起，金属面材的咬合更是丝缕不爽、纹理分明，而分布在整个建筑立面上的纤细拉杆和铆钉则是闪闪发亮（图 1–65 ~图 1–69）。它们不仅构成了一幅比例严谨、纹理缜密、层次分明的美好图景，同时也演奏出一曲彼此对比、高低错落的精彩乐章。这精湛的技术工艺塑造出震撼人心的工艺之美，给人强烈的视觉诱惑，让人啧啧赞叹。而这种极致仔细的工艺态度更是深深打动了每一个观者，在情感上诱惑和感动着每一个站在它面前的人。罗杰斯用精美的工艺技巧让人们相信，技术不仅是功效的、理性的，而且还是典雅的、细腻的、富含情感的。

总之，罗杰斯通过精雕细琢的工艺手法，打造了一种极致的精巧。但是，这种雕琢的工艺技巧创造出的不仅仅是视觉和情感上的审美享受，还有更为深刻的审美意义。

图 1–65（左下）
安特卫普法院外观

图 1–66（右下）
安特卫普法院屋顶的技术工艺（一）

图 1–67（左上）
安特卫普法院屋顶的技术工艺（二）

图 1–68（右上）
安特卫普法院入口精细的技术工艺

图 1–69（下）
安特卫普法院室内天棚的技术工艺

一方面，罗杰斯通过切实的技术创作唤起了人们对技术工艺的重视，并将之作为美的事物纳入到审美领域当中。在当代，优越的技术工艺以它特有的性能为建筑界带来许多超越性的改变，并日渐成为建筑作品中的关键性因素。随着技术工艺在建筑性能方面重要度的提升，它的艺术潜力也渐渐地浮出水面。而罗杰斯对技术工艺的极度表现，则使其成为真正的建筑艺术要素，呈现在人们面前。在某种程度上可以说，是他开辟了当代西方建筑界以技术工艺为审美要素的先河。他通过自己的建筑创作，向人们展示了当今建筑业所能达到的工艺水平，表达了他对于今天建筑材料加工和建筑施工精度的赞美之情，以实在的物质形式来歌颂这个美好的技术时代。罗杰斯的建筑实践不仅唤起了其他建筑师以及欣赏者对于技术工艺的关注，更积极地扩展了当代西方技术审美的范畴。

另一方面，罗杰斯在建筑创作中采取了“超现实”的手法来表现技术工艺，不仅开辟了一个表达建筑技术的新途径，对当代建筑美学的健康发展也具有十分重要的意义。在现代先锋艺术，如未来主义、达达派、几何超现实主义的艺术成果的影响下，同时也是基于对现代技术的独到理解，罗杰斯对技术工艺采取了“推向极端”的处理手法——极端的精致、极端的缜密、极端的严谨，将当代技术工艺水平推向极限，使之成为一种视觉诱惑。这既是对现代主义技术逻辑理性的否定，也是对后现代主义那种戏谑、反讽的“反理性”技术手法的批判。这是一种“超现实”、“超理性”的技术工艺表现手法。这种手法既突破了技术传统，又不排斥传统技术基础；既是艺术形式的苦心孤诣，又是承前启后的艺术创作。更重要的是，它是建立在形式与功能双重考虑基础之上，对技术工艺生命感和表现力着意开掘的一个周全手法。

罗杰斯的这种极端表现工艺的技术手法，并不是传统意义上的技术艺术化，而是富于革命性的艺术技术创作。虽然在寻找技术与艺术结合点的过程中，难免有形式主义的倾向，但它对于建筑个性的追求，对“美”的形式的探索，对“非理性”文化精神的秉承与推进都起到了积极作用，极大地丰富了当代西方建筑审美的内容。

(2) 工艺的手段之美

在今天的艺术领域，“手段”的地位逐渐上升，成为艺术表现的目的之一。

“手段”受到重视始于绘画创作。当印象派绘画以其瑰丽的色彩与光影登上艺术舞台之后，以单纯关注“结果”的传统艺术受到了冲击。“手段”，这一曾经隐匿于艺术品背后的元素日渐成为人们审美活动的关注对象。在印象派绘画诞生之前，画家运用色彩的目的无非是真切地表达实体，色彩仅仅是一种手段；而从印象派绘画开始，画家们开始注重对色彩表现力的发掘，更加关注感官的印象。在他们眼中并没有芭蕾舞女，也没有睡莲，有的仅仅是色彩。他们明确地抛弃了色彩的手段地位，而将其作为绘画的目的（图 1–70）。印象派绘画作为现代艺术的鼻祖，深远地影响了后来的艺术创作。在今天的审美领域中，线条、笔触等艺术手段的受关注程度更是提升到了前所未有的高度，它们不只是构成表象符号的材料，其本身也成为了审美符号，与一定的情绪相对应，可以引发一定的审美感受。所以，“手段”从艺术中独立出来，它不再仅仅作为艺术的实现方式而存在，不再是屈居形式之后的第二位因素，其本身已经具备了审美价值，以审美对象的角色站到了人们面前。

在当今建筑领域，罗杰斯的建筑作品也具有将工艺“手段”作为艺术表现目的的特征，这使他的作品个性鲜明、独树一帜。建筑的交通设备、服务管道、张拉的杆件、铆接的节点等技术要素，原本都是作为解决建筑功能问题的技术手段而存在的。但是罗杰斯运用特有的手法对其进行了艺术加工，使它们或被暴露，或被强化，或被夸张，成为构成建筑艺术形象的活跃要素。此时，技术手段已经不再仅仅隶属于功能的范畴，其本身已经渐渐地演变成了创造性的艺术。随着技术工艺由“手段”上升为艺术表达的“目的”，技术工艺本身也由“原生态的技术”上升为“艺术技术”。

在法国斯特拉斯堡的欧洲人权法庭中，罗杰斯将原本应隐藏在顶棚内的屋顶结构暴露出来，将这种技术“手段”变成艺术展示的“目的”。这是一个圆形的结构系统，承载着上层的楼板，营造了一个较为开阔的门厅空间。罗杰斯不仅将它置于门厅的最显赫处，涂上十分

图 1–70
注重笔触的印象派作品

浓艳的红色，并赋予它精致严谨的工艺，使其具有十分突出的艺术形象（图 1–71、图 1–72）。无论是进入建筑的人，还是站在建筑外部徘徊的人，都会首先注意到这个硕大的结构体，它已经成为这个建筑中最为重要的艺术形象之一。在这里，罗杰斯借助于纯熟的技术工艺手法和前卫的艺术理念，将结构技术上升为表现艺术，让技术工艺本身成为建筑艺术表现的“目的”。

图 1–71
欧洲人权法庭的屋顶结构（一）

图 1–72
欧洲人权法庭的屋顶结构（二）

而在巴黎蓬皮杜艺术中心这个建筑中，罗杰斯则是将各种设备管线、自动扶梯、建筑结构全都暴露于建筑的表面，让这些原本属于建筑技术工艺手段层面的要素，成为建筑艺术形象的主导元素（图 1–73 ~图 1–75）。在蓬皮杜艺术中心中，技术工艺已经不再是隐匿于建筑形象背后的单纯的技术手段了，它实现了由“原生态的技术”向“艺术技术”的飞跃，作为建筑艺术形象的“目的”而存在。

伦敦劳埃德大厦这个建筑更是将技术工艺的“手段”之美体现得更为淋漓尽致。它的设备管道同样是外露的，但与其他建筑有所不同，罗杰斯在这个建筑中将设备管道表皮材质的纹理都表现的十分鲜明，让每一根长管线上都明显地带有分段焊接的技术工艺

图 1–73（左上）
巴黎蓬皮杜艺术中心主要形象要素——交通设备

图 1–74（右上）
巴黎蓬皮杜艺术中心外露的交通设备

图 1–75（下）
巴黎蓬皮杜艺术中心交通设备内部

痕迹（图 1–76 ~图 1–80）。由于这种技术工艺是非常缜密和精细的，因此当罗杰斯将它们堂而皇之地暴露在人们视野之中的时候，人们并不会觉得建筑形象是粗野的、未加雕琢的，反而会被这缜密的工艺手段所震撼。就这样，罗杰斯将技术工艺从“手段”演化为“目的”获得了成功。工艺手段已经成为了人们审美的重要元素，也成为建筑形象的主要装饰。罗杰斯同样的技术手法在劳埃德大厦的入口雨篷处也得到了展现（图 1–81）。

罗杰斯将技术工艺从“手段”上升为“目的”的过程，不仅使其具备了审美效力，更引发了深邃的审美意义。

一方面，罗杰斯这般处理建筑技术工艺，使他的建筑作品能够准确鲜明地将人们对当代世界的认知与情感表达出来。当今技

图 1–76（左上）
伦敦劳埃德大厦的管线设备工艺（一）

图 1–77（右上）
伦敦劳埃德大厦的管线设备工艺（二）

图 1–78（左下）
伦敦劳埃德大厦的结构工艺（一）

图 1–79（右下）
伦敦劳埃德大厦立面

图 1-80（左）
伦敦劳埃德大厦金属表皮的工艺

图 1-81（右）
伦敦劳埃德大厦入口雨篷

术的发展使它的进步形态充斥着社会的每一个角落。整个文明社会，特别是西方社会已经进入了一个以高新科技为核心的新技术时代。这种社会变化与转型无疑给人们的认知和喜好带来了很大变化。今天，人们已经十分清楚自己处于一个发达的技术时代，并对技术产品及形象充满了期待与好奇。正如中国人说的文如其人，西方人说的上帝是按自己的模样创造人一样，罗杰斯实际上在用技术工艺表达着当代人们所认识到的外界生活的形象，通过技术工艺表露出他自己以及西方国家中每个人对于技术的欣赏与信赖。也就是说，这般运用技术即使不是功能上的必需，但却鲜明地表达了人们的情感，表达了现代人崇拜技术的诚心、利用技术的信心、炫耀技术的虚荣心。

另一方面，技术工艺由"手段"上升为的"目的"丰富了当代建筑技术审美的内涵，推动了建筑美学的发展。虽然这种将"手段"直接置于形象表面并不是当代艺术界特有的现象，但是在建筑界却从没有像今天这样明确过。正如印象派绘画是对传统绘画的反叛一样，罗杰斯的建筑技术形象也是对现代主义奉行的技术形式美学的反叛，是具有革命性的。他让这些隐匿在建筑表象背后的技术手段堂皇地站到台前来，赋予它们审美价值。让这些工艺"手段"能够不断地感动我们的心灵，从它原本物性完全转变成为神性，独立地作为审美的形象而存在。这无疑扩展了技术审美的范畴，也为其今后发展开辟了一个新的途径，并且在很大程度上丰富了当代西方建筑美学的内涵，促进其向着多元、健康的方向发展。

3. 形体秩序的破碎

(1) 随时性审美

罗杰斯通过现代的技术成就塑造出一系列破碎的建筑形体，使欣赏建筑的方式从“凝固性”走向“随时性”。

如我们所知，建筑相对于绘画与雕塑等其他艺术形式来说，它具有“可进入”的空间特征。但是长久以来，在传统的建筑审美中，人们总是习惯找到一个特定的瞬间角度来欣赏建筑，而传统的建筑形象往往也就是为这一瞬间角度而设计的，或是为若干个这样的瞬间角度而设计的。这样在建筑界就自然而然地形成了这样的美学观念：“在审美活动的最高阶段，欣赏者在一瞬间达到‘顿悟’。在这瞬间，对欣赏者来说，是感性与理性的交融，是精神上的一种升华，欣赏者可以达到物我两忘的哲理境界，也是最高级的审美状态。”[4] 在这种观念的驱使下，建筑师在设计中也惯常从特定角度，利用娴熟的手法勾画他认为最具有神韵的草图，并以这些角度下的建筑物是否完美作为设计的评价标准。这种对于瞬间的重视也是与对抽象的几何形式的重视联系在一起的，形式往往是瞬间观照下的产物。

图 1-82（上）
伦敦伍德大街 88 号办公楼平面分析图

图 1-83（下）
伦敦伍德大街 88 号办公楼草图

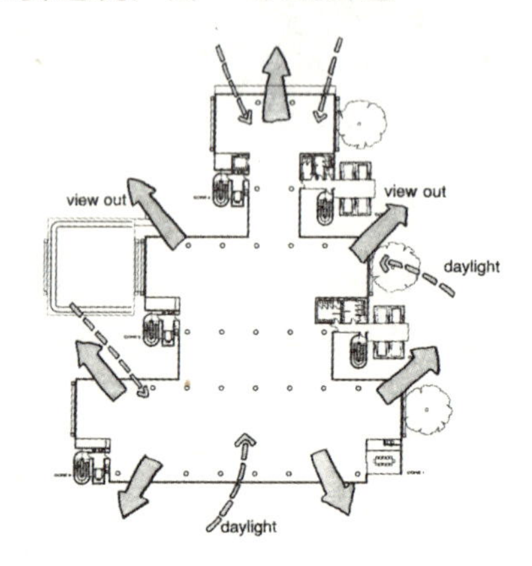

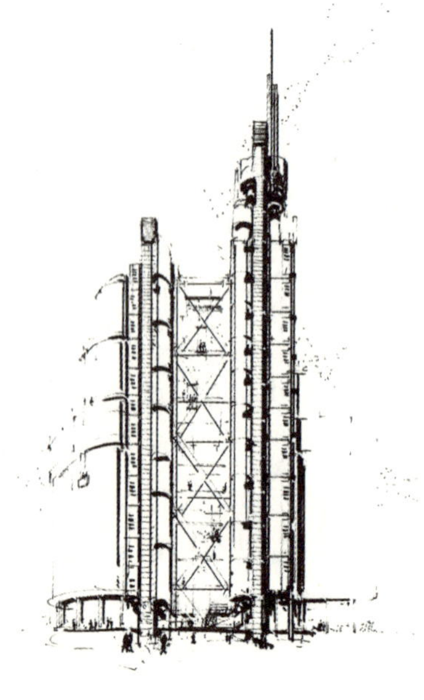

然而今天我们再用这种美学观念来看待罗杰斯的建筑作品恐怕是不大合适了。当我们欣赏他的伍德大街 88 号、英国伦敦的劳埃德注册公司等建筑作品时，恐怕很难找到一个所谓完美的角度。

伦敦的伍德大街 88 号处于伦敦的中心城区内，三面临街，用地紧张而拥挤。为了能使基地利用最大化，保证建筑内尽可能多地自然采光，同时还考虑到建筑的临街形象，罗杰斯将建筑的形体处理成“破碎”的形式（图 1-82 ~ 图 1-83）。伍德大街 88 号与其说是一幢建筑，还不如说成是一个建筑组群。这个建筑体块高低错落、跌宕有致，没有所谓的主立面与背立面，也没有所谓完美的瞬间角度。人们无论从邻近的哪条街上都能欣赏到美好的建筑形态。在这里，罗杰斯创造了一个具备开放性、自由性的建筑秩序，它适合人们步移景异似的随时欣赏，而不是凝固性的审美方式（图 1–84 ~图 1–87）。

罗杰斯在伦敦创作的一些建筑作品很多都是处于城市的中心区，因此他的这一手法也是十分常见的。如伦敦的劳埃德注册公司（图 1–88 ~图 1–92）、劳埃德大厦（图 1–93 ~图 1–95）等建筑都是在考虑基地情况的同时，打破了“凝固性”的审美方式，顺应当代“随时性”审美习惯的建筑作品。

图 1–84（左上）
伦敦伍德大街 88 号办公楼的建筑形体（一）

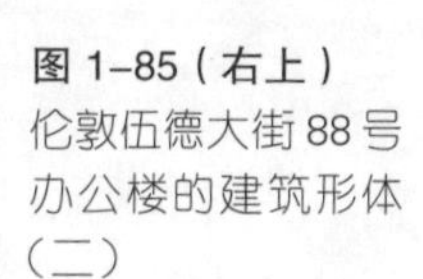

图 1–85（右上）
伦敦伍德大街 88 号办公楼的建筑形体（二）

图 1–86（左下）
伦敦伍德大街 88 号办公楼的建筑形体（三）

图 1–87（右下）
伦敦伍德大街 88 号办公楼的建筑形体（四）

凸凹的建筑形体不仅创造了一个最长距离为18m的大办公空间，还使大量的日光渗透进来。而从空间角度讲，它又为基地北部的梵教堂大街提供了较为丰富的空间层次。

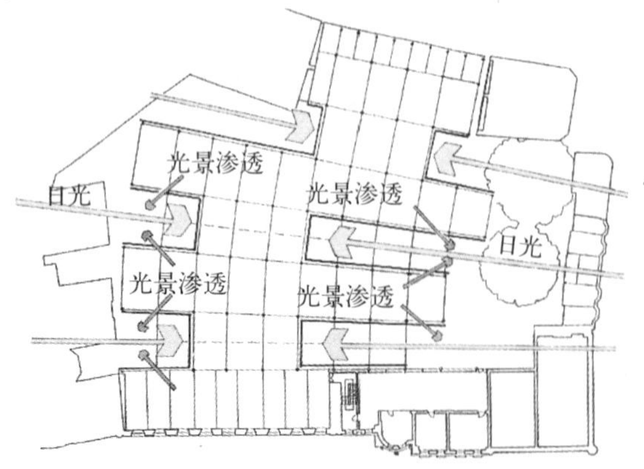

图 1-88
伦敦劳埃德注册公司平面分析图

这个建筑形体使该建筑拥有很好的灵活性。人们可以通过不同的组织管理模式，使楼层之间或四个竖向体量之间独立运营。

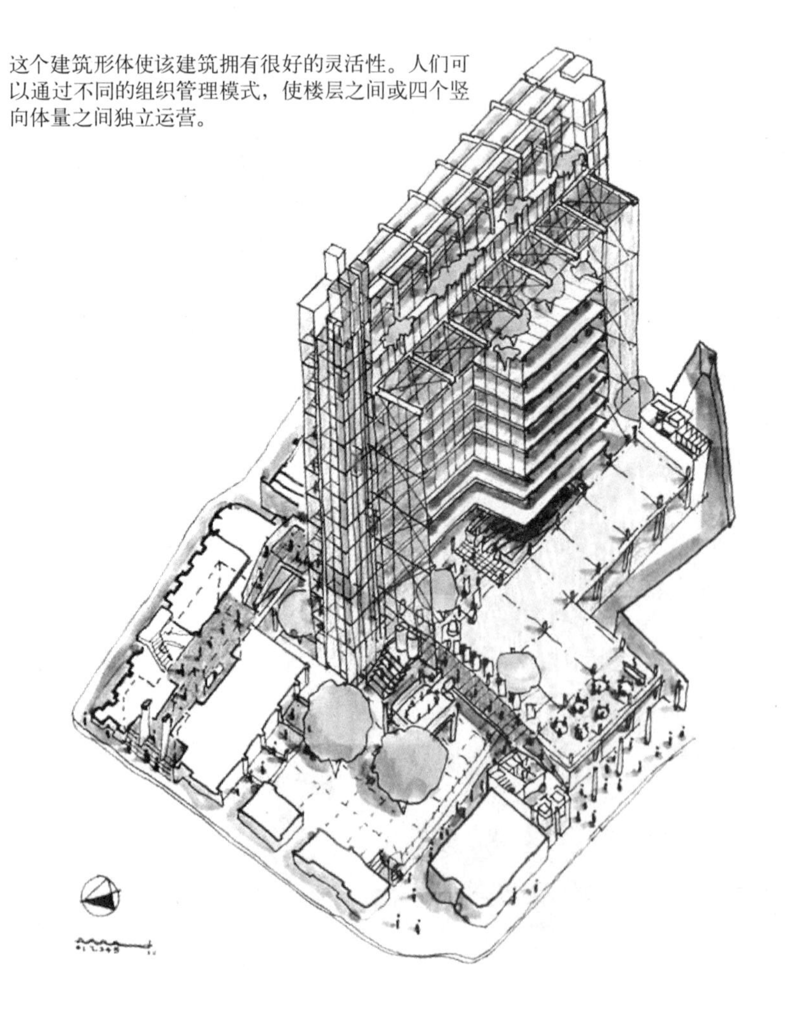

图 1-89
伦敦劳埃德注册公司建筑形体分析图

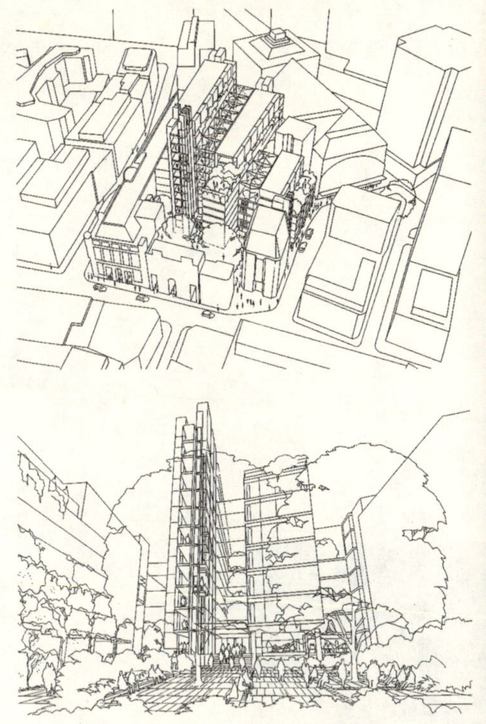

图 1–90（左上）
伦敦劳埃德注册公司的建筑形体（一）

图 1–91（左下）
伦敦劳埃德注册公司的建筑形体（二）

图 1–92（右上）
伦敦劳埃德注册公司的中厅采光

图 1–93（下）
远望伦敦劳埃德大厦

图 1–94
伦敦劳埃德大厦的建筑形体（一）

图 1–95
伦敦劳埃德大厦的建筑形体（二）

可以说，这一系列建筑作品的形态是破碎的、秩序是均质的、逻辑是淡化主从的，甚至被建筑评论家形容为“一组高昂、破裂的器官”。[5] 这是一种可轻易变更的形态、开放性的形态，它追求的不再是某一角度的完美形式，而是步移景异的生动图像。它在视觉上给人以新奇的震撼与对未来的期待，并传递出一种未完成的心理感受。在某种程度上，这些建筑更像是营造过程的永久定格，是一系列长久变动动作的过渡状态。从这里观赏者可以体验到运动感与速度感，并获得一种动态的联想，而不再是以往所谓“凝固的”经典。也就是说，对于罗杰斯的这些作品采取以往的“瞬间”审美是不合适的，也是不可能的，对于它们的品评仅仅依靠几个固定的瞬间角度是不能够顺利完成的。

对于这种建筑秩序和建筑形象，罗杰斯这样说：“协调，这是美的本质。然而，它没有必要具有数字般的比例。它是由部分与部分、部分与整体之间的关系组成的。”[6] 这里可以明显地看出，罗杰斯更多地是想在各个元素之间、各个部分之间建立起一套清楚易懂，有着更多的开放性、动态感的建筑结构组织。

总之，罗杰斯建立起来的破碎的形体秩序不再追求某个定位点和某个定位时间的“瞬间”美，而是真诚的追求一场标新立异的全方位、动态化的表演。因此，对于罗杰斯建筑的欣赏，应该采取没有特殊定位的、各角度均可的、随时的、动态的审美方式。

我们不难发现，对于罗杰斯建筑作品的审美体验方式与传统建筑审美方式相比，已经发生了很大转变，从“瞬间”体验过渡到了“随时”体验，这也代表了当代西方建筑审美的一个趋势。随着时代的发展，艺术逐渐消解了它与生活的距离，人们以更加轻松的、消费的心态体验着外部世界。因此，人们放弃了传统的所谓理性与权威的“瞬间”体验方式，而是更加看重“体验”本身。人们更希望从建筑审美中随时获得一种即刻的、个性的反应，可以因观者选择的时间、方位不同而不同，多样而又直接，并从这些随时的直觉中引发审美愉悦。

表面上看，当代西方建筑更加注重对随时的感受，仅仅是一种技巧侧重点上的变化。而实际上这是与当代西方社会中人们价值观念的变化分不开的。无论古典建筑还是现代建筑，都试图创建一种人为的次序，都有一种等级的观念，对建筑意义的要求也会随着建筑物所处的社会地位的不同而不同。而在当代，人们已经彻底消除了对权力中心、权威话语的迷信，没有什么所谓的统一和永恒可以规范人们的思想，人们更加期待和接受无等级的、自由随意的建筑秩序或建筑形象。这种价值取向的转变，也正是当代西方建筑审美中重视“随时”审美，重视“随时”情感体验的本源。

(2) 过程性审美

通过破碎的建筑形体，我们不仅可以看到罗杰斯对于“凝固性”建筑审美方式的反叛，同时也看得出他对“过程性”建筑审美理念的追求。

罗杰斯对建筑以及建筑的美有着自己独到的见解。他认为：“在技术社会里，变化是不断的，而僵硬的手法只会带来一种抑制。”[7]建筑不应该是一个最终结果，而应该是一个能够适应时间的延续与变化，具备一定开放性，能够表达事件运作“过程”的动态物。因此，建筑师需要设计的是使建筑的生命得以不断延伸的“过程”，而不是阻止这种延伸的结果。对于建筑的美，他明确说道：“一个建筑不是有着多或少的美的比例的有限物体，建筑的问题很少能以单一的形式来解释。建筑的形式、安排、功能和立面应有能力回答在执行过程中的变化，并将其作为建筑表达的一个部分。”[8]可见，罗杰斯认为在急剧变化的社会中，想让建筑具有固定的内容和绝对永恒的美是不合时宜的，也是不科学的，只有“过程性”的建筑美才是更合乎当今时代需求的。

罗杰斯以敏锐的意识，看到了建筑的“过时”问题，并将其发展成为建筑设计理念，指导具体的建筑实践。

伦敦劳埃德大厦就是这样的一个代表作。罗杰斯不仅将整个建筑处于一种待完成、待修改的状态当中，还大胆地将一套蓝色的起重机置于大厦的顶部，以表明人们将不断地运用技术改造和修饰这块场地。他在解释劳埃德大厦的创作理念时说：“人们可以通过建筑的每个部分去认知它的制造、建成、维护和最后的拆除过程，认知建筑的怎样、为什么和什么的问题。”[9]很显然，罗杰斯通过这栋建筑强调了城市、建筑是一种“过程”的无终极性的存在，同时还为人们提供了一个认识城市和建筑的科学途径。

伦敦泰晤士河边的蒙提万大厦(Montevetro, England,

图 1–96
远望伦敦蒙提万大厦

图 1–97（左）
伦敦蒙提万大厦的建筑形体（一）

图 1–98（右）
伦敦蒙提万大厦的建筑形体（二）

London，1994～2000）也与劳埃德大厦采用同样的处理手法。由于设备塔楼都是装配的，所以在其顶部设置了一套起重机，表示可以随时更换、添加设备间内的设施（图 1–96～图 1–98）。虽然到目前为止，这套起重机在使用过程中并没有真正地发挥过作用，但是在建筑形态上却体现了一种“过程性”的审美内容，向人们预示着这幢建筑并不是一个终结的艺术形态，而是一个艺术创作的过程。

位于威尔斯纽波特城的茵茂斯微处理工厂（Inmos Microprocessor Factory，Wales，Newport，1982～1987）则是从建筑结构到建筑表皮都充分体现了建筑审美的“无终极性”与“过程性”特征的作品。这是罗杰斯早期创作的一个拼装式建筑的范例。在这个建筑中，结构和维护的表皮都是可调整的，可增可减（图 1–99～图 1–102）。这种建筑的使用性能很好地体现在建筑的形象

图 1–99（上）
茵茂斯微处理工厂的建筑形象

图 1–100（左下）
茵茂斯微处理工厂结构示意图

图 1–101（右下 1）
茵茂斯微处理工厂总平面图

图 1–102（右下 2）
茵茂斯微处理工厂平面图

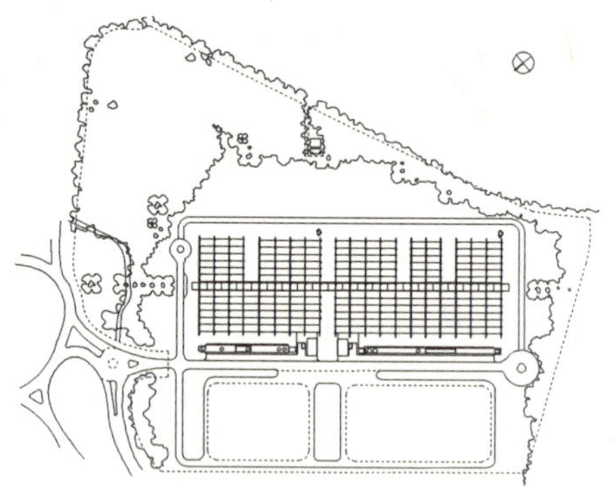

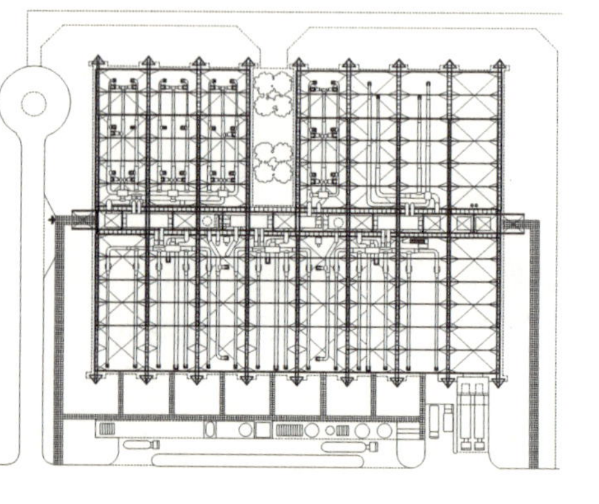

上，使建筑充满了“无终极性”的审美特征。而同时，出于建筑灵活性的考虑，也是出于赋予建筑丰富生动形象的理念，罗杰斯将建筑的表皮单元分为几个类型，使用者可以在具体使用的过程中，自我调整。这样就令建筑的形象永远不是一个固定的、最终的状态，而是始终处于一个变化的“过程”当中(图1–103)。茵茂斯微处理工厂很好地体现了罗杰斯追求“过程性”审美的建筑审美理念。

同样，在罗杰斯其他的一些工业建筑中，也都是采取这种拼装式的建筑结构。它们在罗杰斯的艺术手法调整下，也都具有这种“过程性”的审美特征。如工业元件处理中心(Maidenhead Industrial Units, England, Maidenhead, 1984 ~ 1985)(图1–104、图1–105)，理恩工厂(Linn Products, Scotland, Glasgow, 1985 ~ 1987)(图1–106)等建筑。

综上所述，罗杰斯的诸多建筑作品都具有这种“无终极性”、“过程性”的审美特征。它们都具有破碎的建筑表情，使之看上去还处于一个未完成的状态之中，似乎还在不断地增大。一些评论家这样评述这些作品：“它赞颂工作胜过修养，手法胜过结果……”，[10]《进步建筑》杂志载文则更明确地评论道：“它可以说是服务设施的表现胜过材料的实体，行为胜过目的，操作(Performance)胜过风格，过程胜过形式”。[11]的确，罗杰斯创作的一系列注重“过程”性的建筑，都是利用技术成就表达着这种无终极性的建筑审美内容：建筑并不是一个终结的存在，而是一个不断变化、延伸的过程。

罗杰斯创造的这种破碎的建筑秩序，顺应了当代西方建筑审美的潮流，也有力地促进了这种审美趋势进一步发展。今天，人们越来越怀疑永恒的美而乐于接受过程的美。随着科学证伪主义打破了绝对真理的神话，相对论动摇了人们心中固有的时间概念，所谓经典、权威的合法性在人们心中产生了动摇，人们觉得似乎再没有什么是所谓永恒的了。他们开始质疑一切，试图创造新的法则与秩序……而与此同时，人们又对未来充满了憧憬，中意于科技所表现出的速度感和变动感，并学会欣赏过程的美、发掘过程的审美潜能。此种思想观念和审美取向反映在建筑领域中，就体现为越来越重视对于“过程”的审美潜质的发掘。人们积极发掘“过程”的美学价值，建筑也不再以静止陈列品的单纯角色出现，而是开始以可以变化的面貌博得人们的赏识和喝彩。罗杰斯的建筑作品，正

图 1–103（左上）
茵茂斯微处理工厂可变化的建筑表皮

图 1–104（右上）
工业元件处理中心的建筑表皮（一）

图 1–105（中）
工业元件处理中心的建筑表皮（二）

图 1–106
理恩工厂的建筑表皮

是以其破碎的建筑表情言说着当代建筑审美，特别是技术审美的新趋势。

注释：

[1] 叶朗．现代美学体系．第二版．北京大学出版社，1999，p205.

[2] 叶朗．现代美学体系．第二版．北京大学出版社，1999，p203.

[3] 大师系列丛书编辑部编著．理查德·罗杰斯的作品与思想．中国电力出版社，2005，p16.

[4] 赵巍岩．当代西方建筑美学意义．东南大学出版社，2001，p57.

[5] 王冬．劳埃德大厦：一个矛盾的现象——对劳埃德大厦的建筑评论．华中建筑．1998(16).

[6] 同上

[7] 同上

[8] 同上

[9] 同上

[10] 同上

[11] 同上

第二章　技术审美的精神表达

建筑从来不是一个孤立的存在物，它紧紧依附于它所植根的自然环境和社会土壤，凝结着该时期的人类智慧和时代精神。可以这样说，一个优秀的建筑不仅要具有一定的视觉欣赏价值，还应该能够体现当代社会人类的思想精神。因此，我们要真正从审美的角度去理解一座建筑，在读懂建筑形象表层的基本语汇的同时，还要透过这些形象语汇窥探到潜藏其中的精神内涵。

在罗杰斯的建筑作品中，技术形象一直作为建筑艺术的主导元素而起作用。因此，对于罗杰斯建筑作品中审美精神的解读，某种程度上可以等同于对其技术创作体现出来的审美精神的解读，并通过研究他的技术创作来分析他的建筑作品所蕴涵的技术审美精神。

随着以信息技术为标志的后工业化社会的到来，技术具备了崭新的精神特质。今天的技术虽然同样以巨大的创造性功效，帮助人类认识自然、改造自然，通过掌握和利用自然规律来创造财富，改变人类的生存和生活条件。然而，技术的终极目的却不只是为了人类膨胀的物欲，还可以是为了人类生命的完美。它通过调解人与自然、人与社会的矛盾，来高扬人自身的个性、创造性和自由本性。运用客观和规律的手段，实现主观和目的的宗旨。这就是当代技术审美的精神内涵。

罗杰斯作为当代西方建筑界坚持走技术路线的建筑大师，其技术的运用方式充分体现了这个时代的审美精神。他力争最大限度地实现技术的灵活化，以适应未来社会发展的需求；他尽力采用生态的技术，以降低建筑对大自然的干扰度，用技术还人们一个诗意的生活环境；他科学地利用当代先进的高新技术，让技术智巧地运作，满足人们自我欣赏的普遍心理。这些科学的技术应用方式，充分显示出罗杰斯在技术创作中对审美精神的追求，即技术与社会的整体共生、技术与自然的依存共生、技术与心智的主客共生。

一、技术与社会的整体共生

整体共生，就是指某些事物之间所存在的一种和谐关系和一种生发态势，主要内容为：整体起源、整体生存、整体生长。在具体的运作过程中，它遵循着“可持续性发展”这样的基本原则。

追求技术与社会的整体共生，是罗杰斯在技术创作中体现出来的最显著的审美精神，主要表现为谋求技术与社会的协调发展和持衡发展，从而达到社会可持续性发展的最终目的。

在具体的技术运用过程中，罗杰斯摒弃了以往的那种“技术至上”的操作模式。而是从社会持续发展的角度出发，综合而又科学地思考“人—技术”之间的关系，在技术应用与社会利益之间建立了一种平等与和谐的架构。他力求通过技术的手段最大限度地实现建筑灵活化、弹性化。这样一来，建筑不仅可以有效地满足社会多元化的需求，同时还能有效地提高社会资源的利用率、实现技术与社会资源的持衡发展。这种技术的运用方式已经成为罗杰斯本人的标志性特征，它不仅体现了罗杰斯对人类社会整体利益的关注，在某种程度上也展现了当今技术审美的精神内容—技术与社会的整体共生。

1．同资源共生持衡

谋求技术与社会资源之间的持衡发展，是罗杰斯的技术创作所体现出来的审美精神之一。其具体内容是：通过弹性的结构技术赋予建筑灵活的、可变动的能力，使建筑在面对多元的未来社会需求的时候，可以轻易地作出改变，而不需要拆除重建，从而达到节约社会资源、增加社会资源利用率的目的。

20 世纪初，著名建筑师埃罗 · 沙里宁曾经说过：“结构的完整性和结构上的明确性是我们时代审美的基本原则。”然而在今天这个以高科技为主导的技术时代，结构似乎不能仅仅满足于“完整性”与“明确性”这样单纯的审美要求了，它还应该具备“灵活性”的审美特征。

今天，社会在以前所未有的态势高速运转着，生活结构的不断更新与置换引发了一个普遍的社会现象，即建筑的过时问题。对于这个问题，著名建筑评论家 M· 鲍莱这样说：“我们的商业和工业建筑在十年之内就已产生了巨大的贬值，而 20 年后，其价值只有最初新建筑的 35%。明显的过时以及它所带来的威胁直接撞击着恒久、缺少变化的建筑学界……”[1] 的确，现代生活的变化比起容纳它们的建筑物来要快得多。今天的一幢商业建筑，5 年后可能会变成一座办公建筑，10 年后可能会变成一所学校。所以，正如罗杰斯所说：“易于改变用途的建筑有更长的使用寿命，并能表现出对资源更高效的利用。”[2] 飞速变化的社会生活等待着一种新的建筑结构形式，它不应该是一成不变的、固定的，而应该是灵活的、可变更的。只有这样才能使建筑应对得了飞速变幻的社会需求，而不必一次次地推倒、一次次地翻新重建。

罗杰斯也敏锐地观察到了这个问题，他说：“我们遇到了变化的危机，我们想要建造可以适应变化的建筑，所以，现在的建筑应更加注重变化的显现，建筑就是一个变化显现的结构。”[3] 在具体的创作实践中，罗杰斯对此进行了科学地探索。他在坚持结构受力合理的基础上，创造性地运用了“弹性结构”。所谓“弹性结构”，就是指运用当下先进的技术成果和构造技术创造出一种舱体式的预制单元，这些单元之间大多是铆接的，能够比较便捷地在施工现场组装和拆卸。这种建筑结构使建筑可以在几个维度上延伸、缩减、变更以适应建筑未来的不断变化的功能需求。当建筑功能发生改变时，只需要增加或减少结构单元或改变结构单元的组装模式，而不用对建筑进行根本性的改变或重建。这极大地节约了社会资源，避免了建筑材料的浪费。正是因为这种结构体系具有很好的灵活度和可持续度，所以称之为“弹性结构”。这种结构形式已经成为罗杰斯作品的标志性特征，在诸多作品中加以应用。

伦敦的劳埃德大厦就是一个为人熟知的弹性结构体。罗杰斯合伙人事务所在成立之初就以杰出的创作能力赢得了这个受业界瞩目的建设项目。业主劳埃德保险公司是世界保险业的巨头，他们要求建筑办公空间要在原来的基础上提高三倍，主要空间和辅助空间既要联系又要减少相互干扰。另外，为了适应保险业市场的变化，建筑空间必须灵活、可变，能够在日后公司扩大规模时作出必要、及时的反应。为此，罗杰斯运用了“弹性结构”，引用了插入式舱体（图 2–1 ~图 2–3）。在这幢建筑里，插入式的舱体

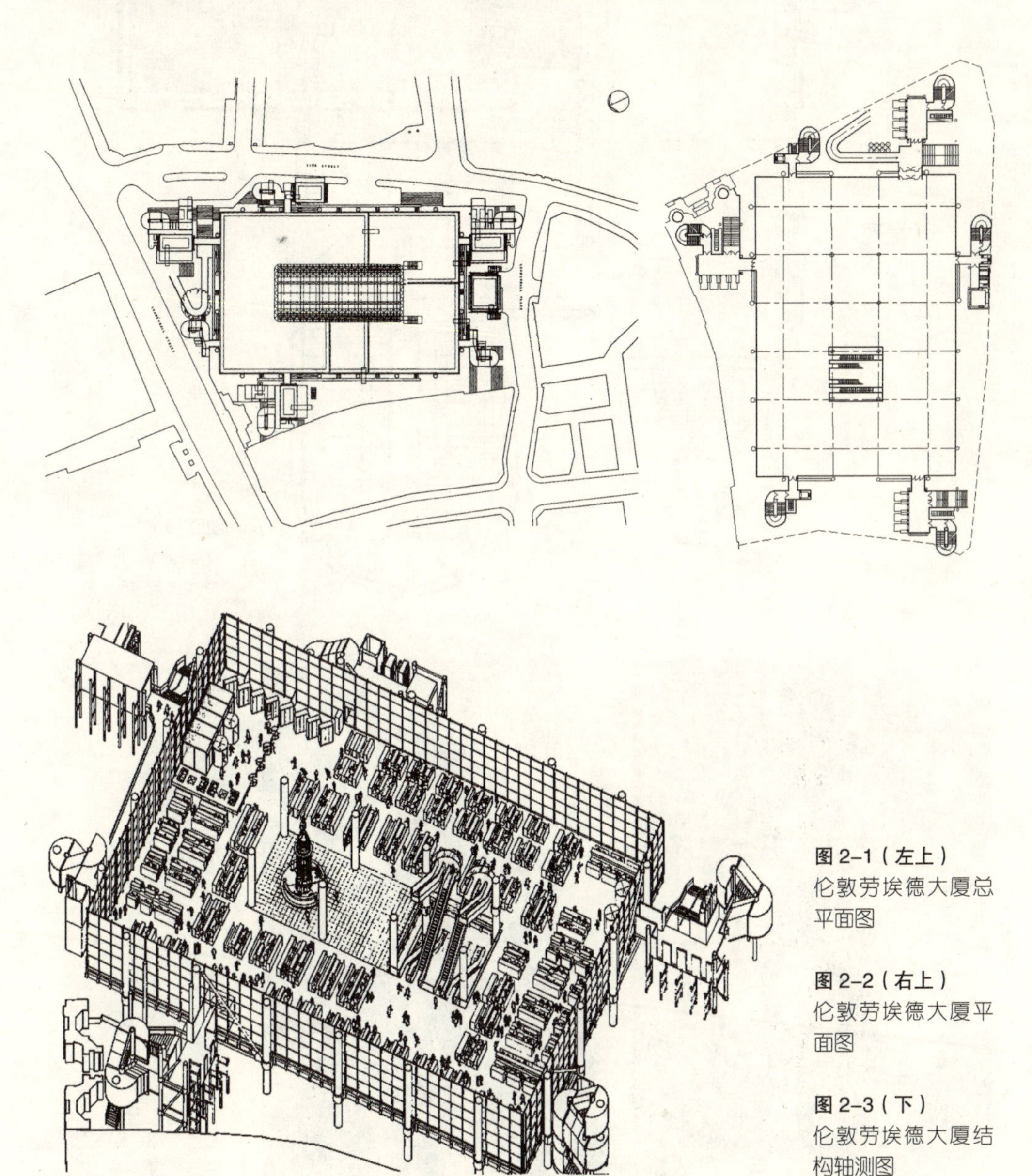

图 2–1（左上）
伦敦劳埃德大厦总平面图

图 2–2（右上）
伦敦劳埃德大厦平面图

图 2–3（下）
伦敦劳埃德大厦结构轴测图

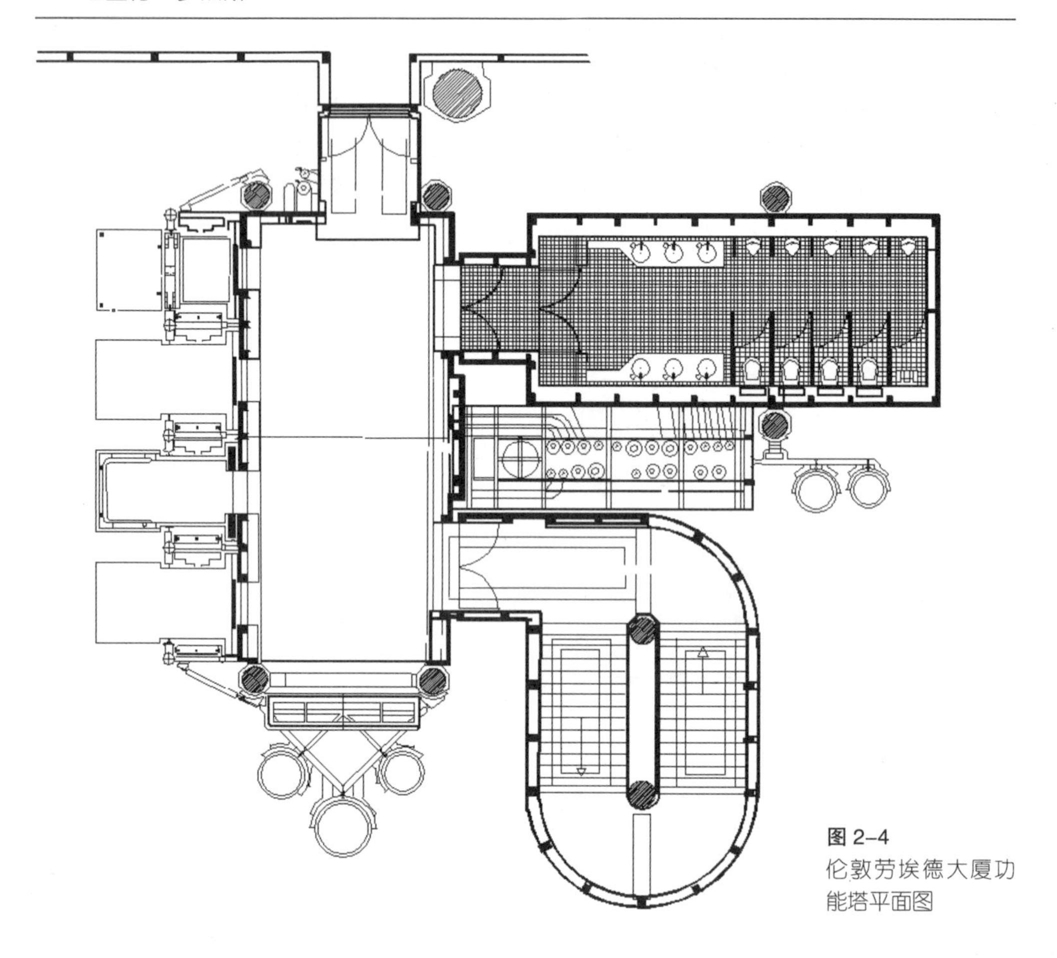

图 2–4
伦敦劳埃德大厦功能塔平面图

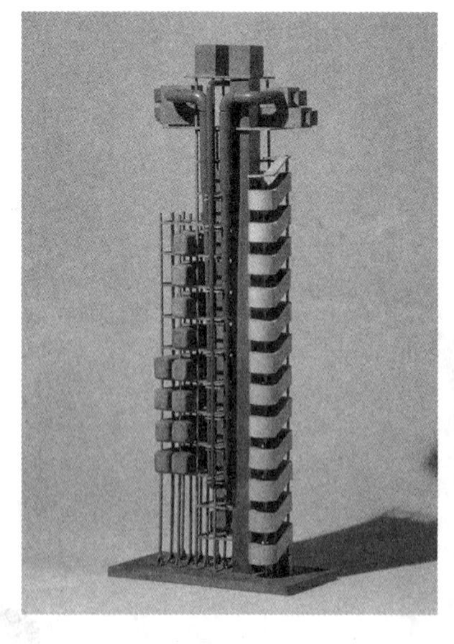

图 2–5（左）
伦敦劳埃德大厦功能塔模型

图 2–6（右）
伦敦劳埃德大厦功能塔外部形象

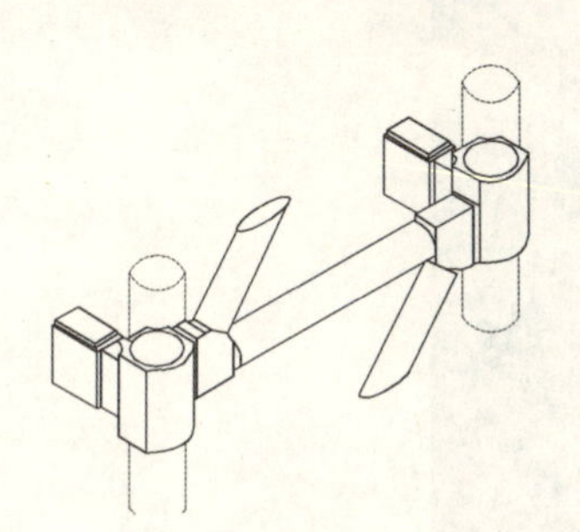

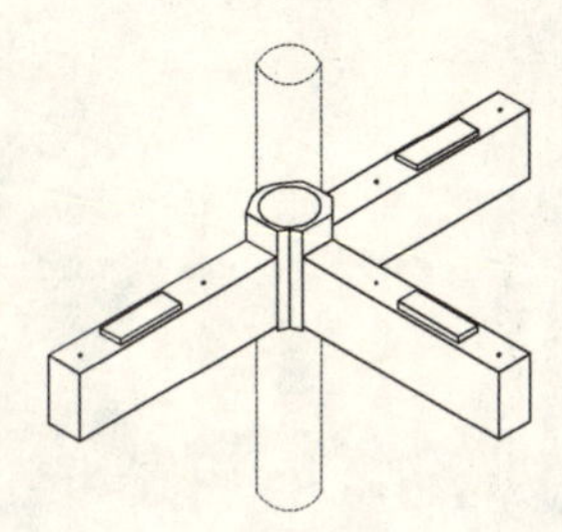

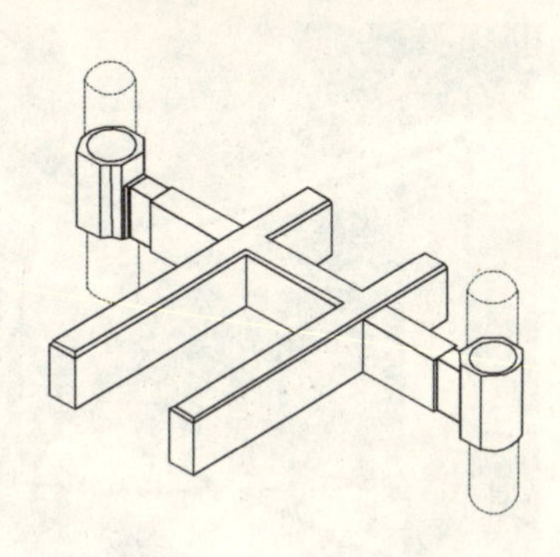

图 2–7（左上）
插入建筑主体的弹性结构（一）

图 2–8（右上）
插入建筑主体的弹性结构（二）

图 2–9 （下）
铆接节点细部

结构以功能塔的面貌出现。设备用房、电梯与楼梯，甚至卫生间等附属设施全部置于这些功能塔中。它们独立于建筑主体量之外，以整体插入的形式与建筑主体相连接（图 2–4 ~图 2–9）。这样，当电梯、卫生间、建筑设备这些建筑中最容易损耗和老化的部件出现问题的时候，人们可以轻松地将其拆卸、更换，而不会影响建筑内部的正常使用（图 2–10 ~图 2–12）。这大大增加了建筑结构体的灵活度，也避免了社会资源的浪费。

在劳埃德大厦使用的过程中，"弹性结构"充分显示了它的优点：

①当功能塔内的附属设备，如卫生间、电梯井内的配套设施老化或需要修理时，可以将其单独拆卸而完全不会影响建筑主体的使用寿命。

②当建筑需要局部修整的时候，可以较为容易地将服务功能塔拆卸下来，调整之后再安装到主体之上，而无需翻新重建，节约了建筑材料，增加建筑材料的使用效率。

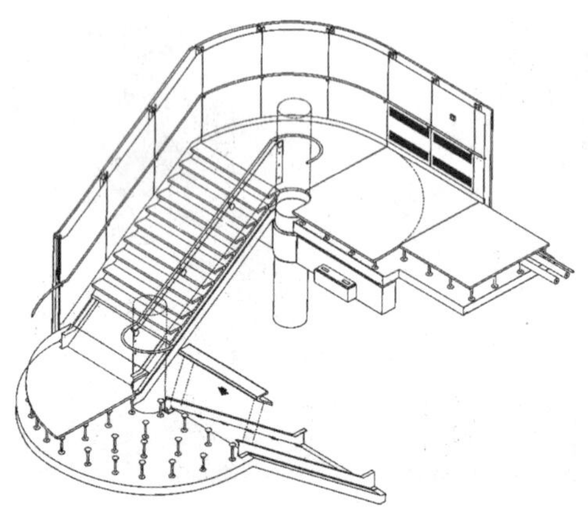

图 2-10（左）
可拆卸的楼梯结构单元

图 2-11（右）
正在吊装的卫生间结构单元

图 2-12
卫生间单元的内部

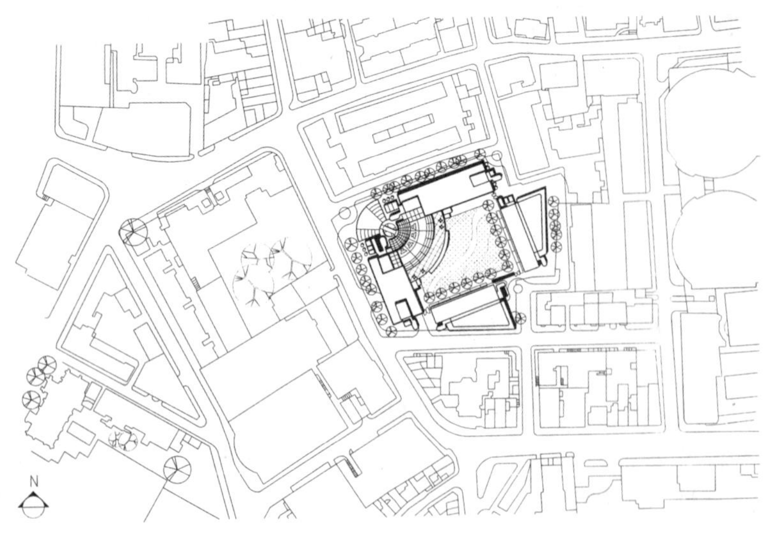

图 2-13
伦敦第四频道电视台总部总平面图

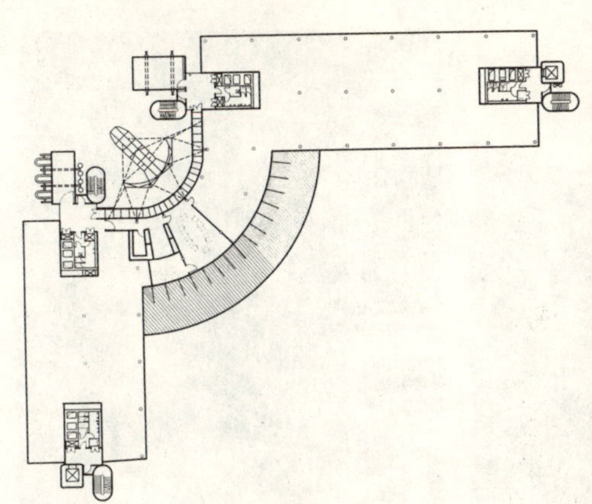

图 2-14（左上）
伦敦第四频道电视台总部平面图

图 2-15（右上）
伦敦第四频道电视台总部入口示意图

而伦敦的第四频道电视台总部则是一个将“弹性结构”的运用加以发展的优秀作品。这个建筑位于街道的转角处，它的主体量分为三个部分：主入口部分和伸向两侧的翼楼（图 2-13 ~图 2-15）。在两翼的尽端以及两翼与主入口相交之处，罗杰斯设计了椭圆状的和立方体式的塔楼——即插入式舱体，其内部分别为楼梯井和设备用房。这些塔楼在结构上是独立的，横向上与建筑主体量分点铆接，纵向上各个舱体之间用硕大的螺栓连接（图 2-16）。这样“弹性结构”的灵活度大大增强，不仅可以从建筑主体上轻松地拆卸下来，而且功能塔的各层都可以根据需要作出调整。也就是说，当建筑的某一层设备出现问题的时候，只需更换此层就可以，而不会干扰其他楼层设备的使用。同时，罗杰斯对功能塔楼的体量作了调整，让卫生间的部分嵌入到建筑主体量之中，从而使塔楼突出在外部的体量大大减少，在形象上弱化了自己，突出了建筑主体（图 2-17 ~图 2-19）。“弹性结构”不仅以其灵活性

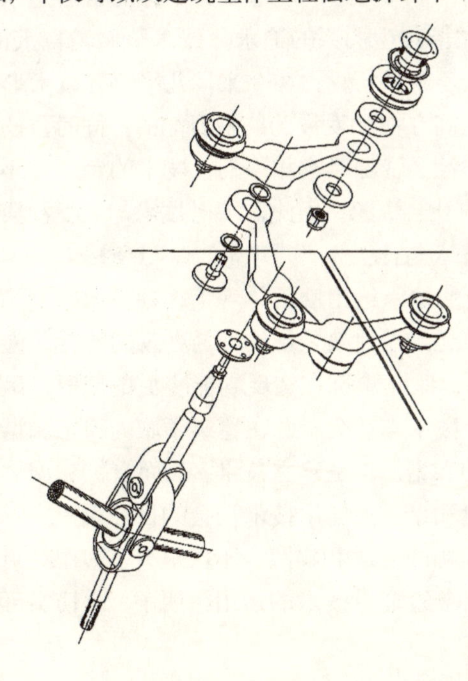

图 2-16
铆接螺栓详图

延长了建筑的使用寿命、增加了社会资源的使用效率，同时它也能够根据建筑的实际情况来调整自己，满足建筑的审美形象要求。

总之，“弹性结构”的最大特点在于它的可持续性，它是一种能够适应未来无法预料的变更的灵活结构，也是高度利用既有建筑资源的集约型结构。

罗杰斯对“弹性结构”的成功实践不仅歌颂了当代先进的科技成就，也表达了他个人对当代技术审美精神的执著追求，即对技术与社会资源和谐共生关系的追求。技术蕴藏着巨大的力量，它推动着人类社会不断前行。古往今来，几乎所有技术形式都是以人类社会向着更高存在和发展为终极目标的。同时，技术的每一小步操作都是与社会资源紧密相连的，技术的每一个小小的进展都耗费着大量的社会资源。因此，求得技术与人类社会资源的和谐相处，实现技术与社会资源“双赢”是当今技术审美精神的表征之一。罗杰斯的技术运用恰恰体现了这种技术审美精神。他通过弹性的结构单元赋予建筑灵活的、易更改的特性，使建筑具备了持续的生命力，保证建筑在实现功能变更的同时，尽可能地节约社会资源，使技术与社会资源在建筑领域内趋于和谐。这种技术与社会资源的和谐，正是建立技术多层面有机和谐体系的关键内容，也是构建和谐、人性化技术社会的目标之一。罗杰斯对于这一技术审美精神的追求和实践，不仅提升了其作品中审美内涵的高度，也为当今建筑界技术的运用指明了一个切实可行的操作方式。

图 2-17（左）
伦敦第四频道电视台总部弹性结构外部形象（一）

图 2-18（中）
伦敦第四频道电视台总部弹性结构外部形象（二）

图 2-19（右）
伦敦第四频道电视台总部弹性结构外部形象（三）

2. 同需求协调互动

罗杰斯在建筑创作中坚持用灵活持续的技术追求技术与社会的整体共生。"弹性结构"实现了技术与社会资源的持衡发展，而可拼装的技术则促成了技术与当代社会多元化、个性化需求之间的和谐互动。

今天，社会生活的各个方面都变得丰富纷繁，这种广泛的社会需求对当今的建筑业也提出了更高的要求。在这种情况下，建筑一改往日的特权角色，开始向多元化迈进。我们知道，从原始社会到工业社会，建筑一直带有某种特权性质。大量的平民大众的建筑仅仅是为了满足人们最为基本的物质需求，并没有经过专门设计，只是凭借经验和习惯做法来建造，少量的建筑精品都是特权阶层为了特定的目的建造的。从工业社会开始，许多社会改革家提出为大众批量建造卫生条件好的新式公寓，现代主义建筑师们更是大力鼓吹建筑的工业化生产。但是，碍于时代所限和技术力量所限，真正实施的实例仍为数不多。到了当代，在社会发展的驱使和技术成果的支持下，建筑界出现了大量灵活的单元式拼装建筑，这使建筑真正走入了平民大众。这样的建筑不仅为人们提供良好的功能，而且提供多种使用类型供人们选择，甚至还能够参考人们的个人意愿来进行建筑设计，建筑的特权性质已经开始逐渐淡化。

罗杰斯在建筑创作中也积极地倡导建筑灵活化、拼装化，并运用当代先进的技术成果将之实现。他发展并丰富了拼装式的建筑结构，使之在技术的支撑下更能适应当代多元化、个性化的使用需求。所谓拼装结构，就是指它的结构体系是由预制杆件拼装而成的，其显著特征就是拥有最大限度的灵活性。这种灵活性主要体现在两个方面：

其一是拼装结构可以满足当今社会多元化的需求。这种结构可以让业主更自由地根据不同时期的不同需求来对建筑进行改变，以适应瞬息万变的社会要求。某种程度上，拼装的结构可以被看成是更纯粹、更彻底的"弹性结构"，每一个单元、每一个杆件甚至每一个螺钉都是可调整的，这就为建筑提供了更为彻底的变动性。

例如，位于法国布列塔尼的弗列特工业设计中心（Fleetguard Factory，France，Brittany，1979 ~ 1981）就是这种结构体系的一个重要实例。它是由一个整体桁架结构和轻型栏板拼装而成的建筑。这个建筑不仅表皮具有规范的模数，就连结构的每一个技术杆件都遵循着规整的模数制。它们由工厂预制而成，由交通工具运输到施工场地，现场组装。这种拼装结构，不仅使建筑的施工过程清洁、快速，更为重要的是建筑在日后的使用过程中，可以较为容易地作出体量上的改变，满足使用者多元化的需求（图 2–20 ~图 2–24）。

而罗杰斯于1985年完成的英国PA科学技术中心（PA Technology Laboratory，England，Melbourn，1975 ~ 1983），则是一个以方形体块为结构单元的拼装结构。它以统一规格的预制方形体块为基本元素，并通过对其不断的复制和增减来构成建筑体量和形体的变化（图 2–25、图 2–26）。更为重要的是，每一个方

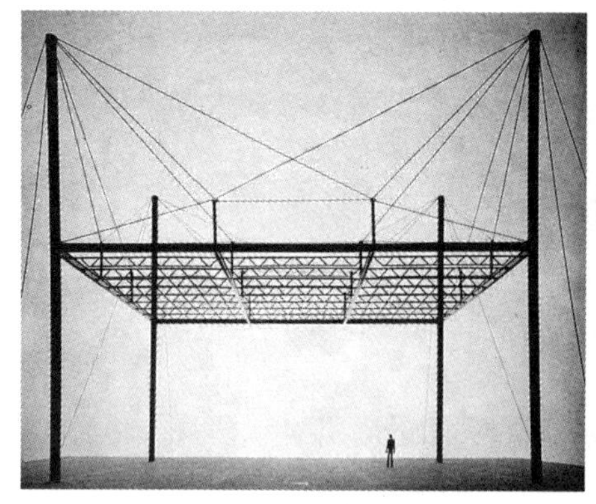

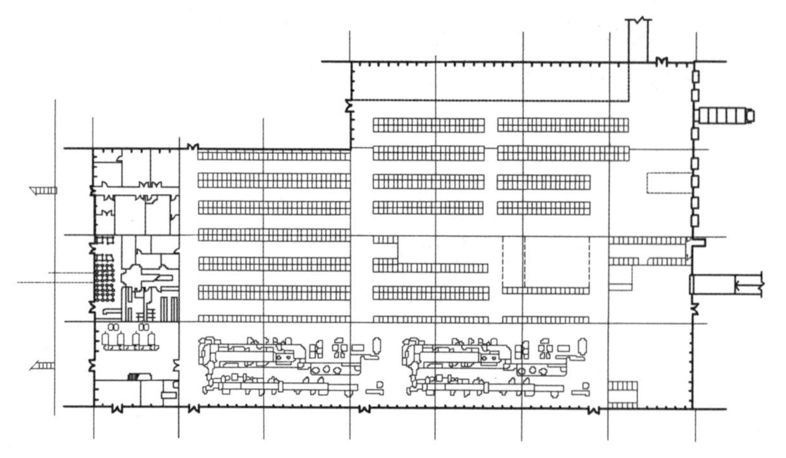

图 2–20（左上）
弗列特工业设计中心的结构

图 2–21（右上）
弗列特工业设计中心的建筑形象

图 2–22（下）
弗列特工业设计中心平面图

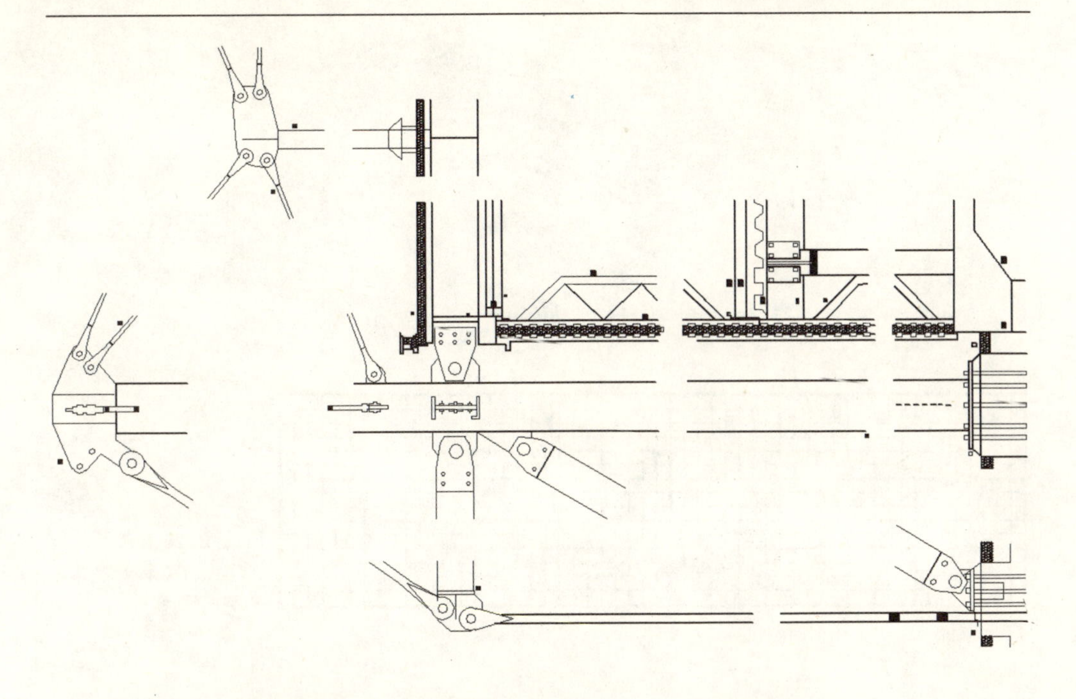

图 2-23
弗列特工业设计中心拼装结构细部

图 2-24
弗列特工业设计中心建筑内部

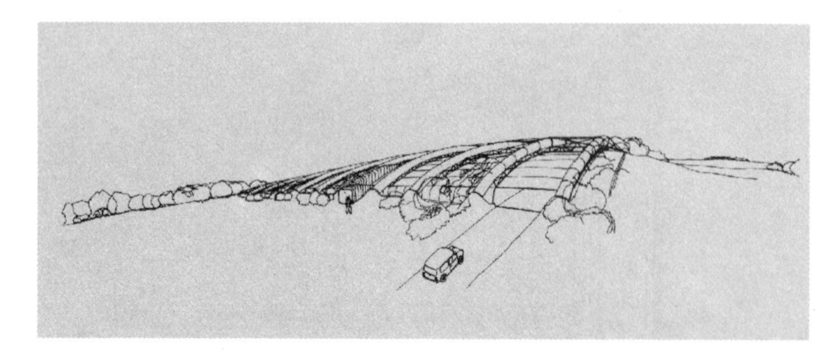

图 2–25
英国 PA 科学技术中心前期概念草图

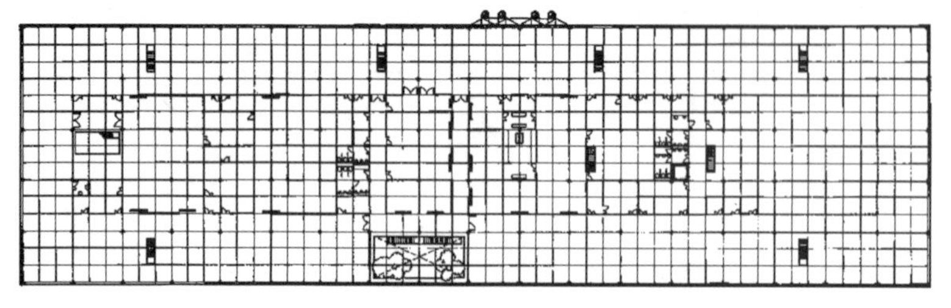

图 2–26
英国 PA 科学技术中心平面图

形体块也是拼装而成的。它以杆件组成的立方体为骨骼，中间加以预制的表皮和垫板，而每一块方形建筑表皮又是由九块小的板块构成的（图 2–27）。这样，建筑可以根据季节的变化而更换表皮，或薄或厚。同时也能够根据内部的具体使用要求来更换组成面材的九个小板块，或是透明的玻璃板块、也可以是不透明的金属板材（图 2–28、图 2–29）。总之，由于这些单元遵循着规整的模数，它们不但可以轻松地在现场被组装，也能够在未来的使用过程中，增加或拆卸单元格，积极地作出调整，以适应不断变化的各种功能需求。此外，模数化面材的更换也为建筑带来了一个生动多变的外部形象，让建筑在具有灵活使用内容的同时也具备了审美的功效。

罗杰斯在诸多工业建筑中均采用了这种结构方式，如帕特斯工业中心（Patscentre，USA，Princeton NJ，1982 ~ 1985）、电子控制系列产品工厂（Reliance Controls Electronics Factory，Britain，Wiltshire，1966 ~ 1967）、理恩工厂和工业元件处理中心等建筑，都赋予了建筑很好的灵活性，使其能够以优越的可变更性能应对飞速发展的工业生产需求。

其二是拼装结构可以适应当今社会个性化的需求。业主可以通过现代高科技程序，直接参与到拼装式建筑的设计中来，对所使用的建筑空间进行自主选择。

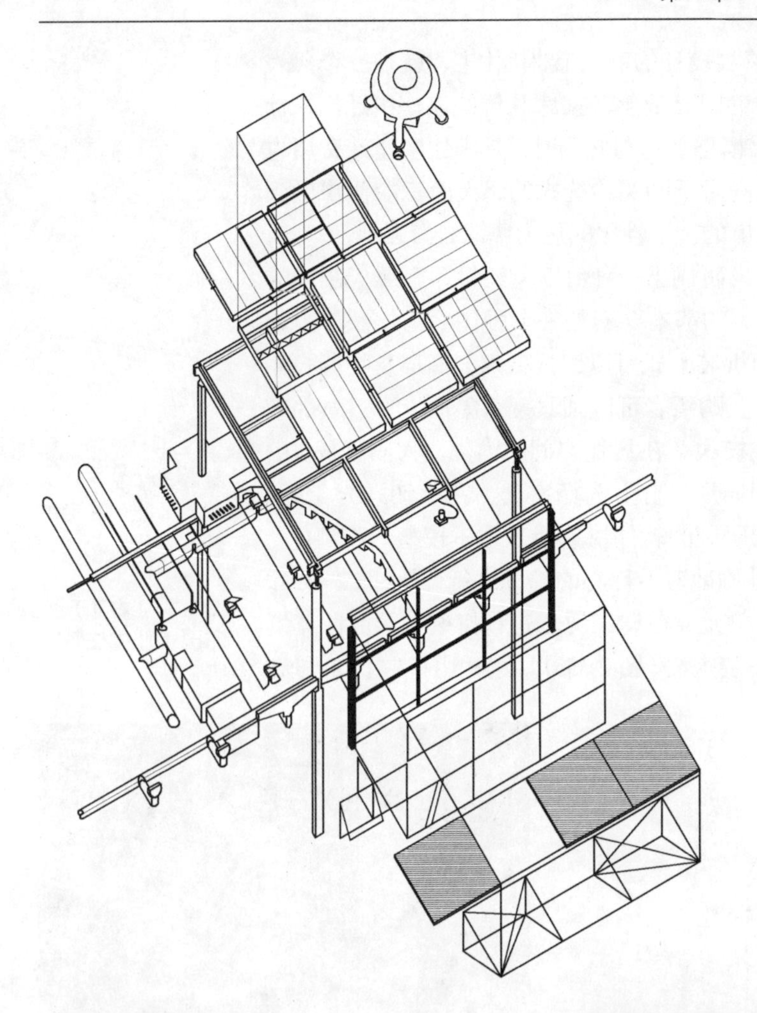

图 2-27
英国 PA 科学技术中心拼装的结构单元

图 2-28（左下）
英国 PA 科学技术中心的建筑表皮

图 2-29（右下）
英国 PA 科学技术中心建筑内部

罗杰斯于1991年策划设计的韩国工业化住宅，就是一个代表性实例。近年来，由于韩国大量年轻家庭从传统家庭中迁出，社会上对居住建筑需求大幅增加。与此同时，韩国住宅建造费用也一再飙升，许多青年家庭对于购买传统式的、大面积的住房感到力不从心，而对价格低廉的、个性化的住房需求日渐强烈。对此，罗杰斯与其工作伙伴开发研制出一种由再生塑料和金属板制成的轻型板材体系。这个体系的基本要素是一个居住单元“盒子”。这种标准的方盒子的不同拼装方式可以组成低层、高层及院落式住宅（图2–30、图2–31）。购买者可以通过对“盒子”的不同拼装方式来选择不同的住宅模式。在居住空间的内部，人们更是自由地设计他们自己的房间布局，自主选择家具。在一切选定之后，他们通过罗杰斯事务所研制的软件快速生成电子模型，看到自己未来的家，并可以及时准确地对不称心的部分进行修改(图2–32)。最后，他们设计的居住单元会在施工现场进行拼装，并由计算机控制的起重机准确地安装定位（图2–33）。这种由拼装技术与高

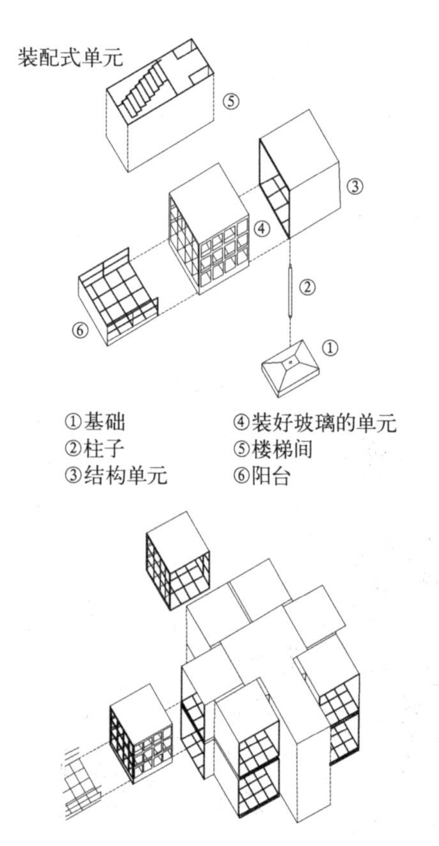

图2–30（左下）
韩国工业化住宅的拼装单元

图2–31（右下）
韩国工业化住宅生成模型

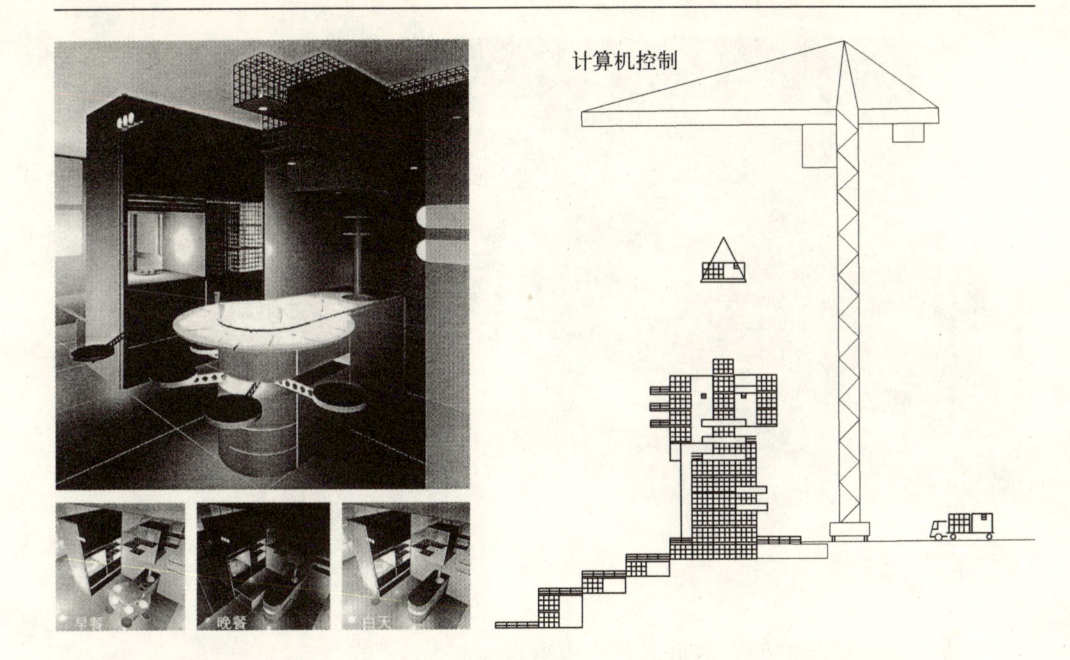

图 2-32（左上）
业主设计的房间模型

图 2-33（右上）
计算机控制建筑装配

科技程序结合的方式，可以让使用者参与建筑设计与建造的全过程，大大激发了他们的兴趣，也极大地满足了他们对自己居住空间的个性化要求。

韩国工业化住宅给人们提供了住房位置和室内装修方面的多元化选择。而罗杰斯最近在英国进行的批量住宅建设项目（Design for manufacture，England，Oxley Woods，Milton Keynes，2005～今）则给使用者更大的可选择性。这个项目是罗杰斯事务所于2005年通过竞赛获得的。项目的宗旨是为了在英国及其周边的地区建设一批新型住宅区（图 2-34）。这批新住宅不仅要符合"生态住宅"（EcoHomes）的标准，还应该具有舒适宜人的社区氛围，也要求住宅的建设费用控制在普通民众的经济范围内。罗杰斯在这里再一次运用了拼装式结构，并突破了"居住单元"的界限。在这个项目中，建筑的各个组成元素，如房屋面板、墙体维护结构、窗体、排风系统等部件，均在工厂内预制完成后运送到施工现场来进行组装（图 2-35～图 2-37）。使用者同样可以参与设计，而且可供选择的范围大大拓宽。他们只需要选定事先划定的区域，就可以在建筑师的辅助下自行设计住房。建筑的位置、体量、层数、形态等问题都由使用者自己决定，而细部构件、附属设备也都可以在建筑师提供的多种备选种类范围内自主选择。这样的住宅价格适中，又不失个性。

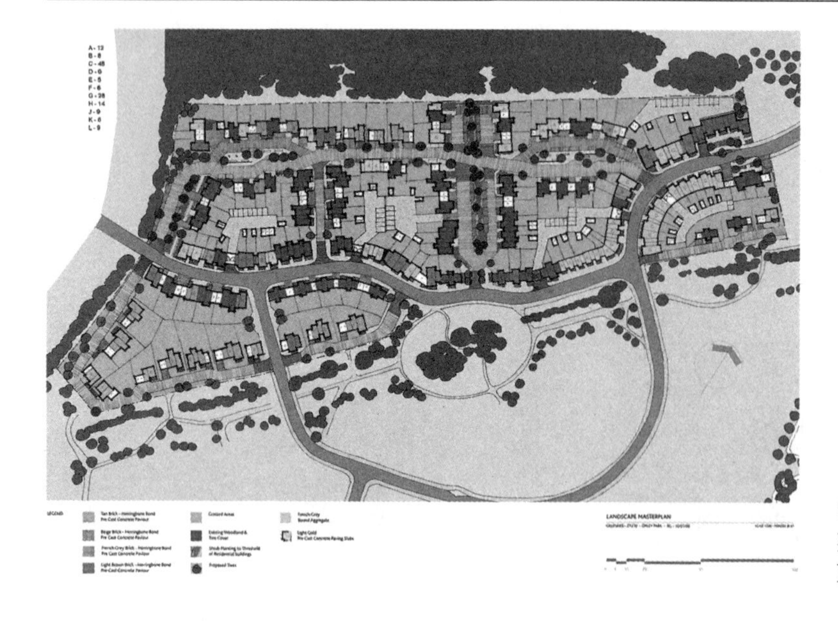

图 2-34
英国批量住宅建设项目总平面图

各种身份、各个阶层的的人都可以在这里得到最适合自己的住房，拥有一个与众不同、具有自己风格的家（图 2-38、图 2-39）。正如罗杰斯介绍设计理念时所说的那样："（建筑应用了）多样化的材料和多元化的标准，为人们提供的是一种易成型的、适应性强的住宅。它不仅能满足人们的多元需求，还能够适应今后的各种变化。"[4]

可见，罗杰斯凭借着现代技术的丰厚成果，大范围地应用拼装结构，使建筑具备了产品化的特征，这很好地解决了建筑与当今社会多元化、个性化需求之间的矛盾，体现了当代技术审美的新精神。

首先，他利用这一技术形式满足了社会多元化、个性化的需求。在社会生活日渐丰富的今天，社会需求不仅巨大而且多样，无形中对建筑也提出了更高的要求。罗杰斯用技术的方式探索着解决的途径，他用拼装的结构使建筑产品化，并具备灵活性、持续性。建筑既可以像以往那样按照业主的特殊要求按需定制，也可以以大规模的工业化、模块化产品的形式满足大众的基本需求，提供各种档次的建筑方案，甚至可以通过图片预选、电脑制作等方式，来创作自己的 DIY（Do It Youself）建筑。传统的"创作——作品——接受"的建筑创作范式已转换为"生产——流通——消费"的范式。建筑不再是固定、难以改变的特权性产物，而是同日常产品一样，可以根据人们的不同物质需求和心理需求很容易作出更改，成为了人们的消费品和审美对象。建筑也不再是高高在上的严肃艺

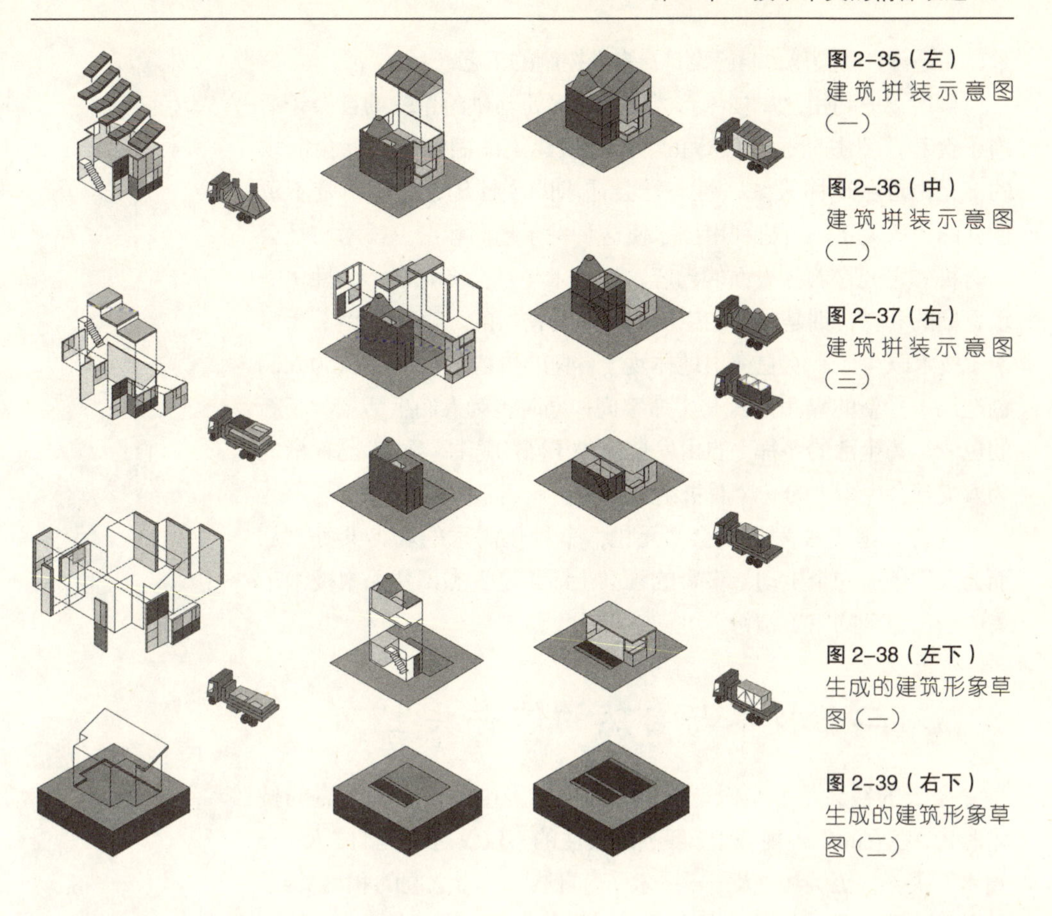

图 2-35（左）
建筑拼装示意图（一）

图 2-36（中）
建筑拼装示意图（二）

图 2-37（右）
建筑拼装示意图（三）

图 2-38（左下）
生成的建筑形象草图（一）

图 2-39（右下）
生成的建筑形象草图（二）

术，而是可自己操作、自己设计、自己控制的工艺产品。

同时，他利用这一技术形式使需求多元与供给单一的社会矛盾趋于缓和。罗杰斯通过技术的力量，使建筑的固定性与社会需求的多元化，建筑样式统一性与社会需求的个性化之间不再是不可调和的矛盾关系，而是利用技术使这种关系趋向和谐。技术与社会的有机和谐包含着多方面的内容，而技术与社会多元化、个性化需求之间的和谐，则是与人们生活关系最为密切的。这种和谐关系赋予了技术以生命，使它突出地体现了自身的价值：技术不仅为人们创造出一种新的娱乐形式与生命空间，同时也为人们生活增添了新的色彩，为生活的多样、自由发展提供了新的选择，技术已逐渐成为人类社会生命力的一个有机组成部分。

总之，追求技术与社会多元化、个性化需求的和谐共处，从而为人们创造一个生动、多彩的社会生活正是罗杰斯作品中技术审美内涵所包含的审美精神。

二、技术与自然的依存共生

今天的社会是一个以信息技术为主导、生态技术为前瞻的技术时代，在它的广阔视域中，罗杰斯关注的不仅仅是合理的“人——技术”关系，更关注“人——技术——自然”三者之间的和谐关系，其具体体现就是追求技术与自然依存共生的技术审美精神。

罗杰斯用这种审美精神主导着他技术路线的具体选择，为他作品中的技术模式找到了合适的归宿：技术不再是以掠夺剥削自然为终级目标，不再是把自然作为征服对象，而是追求人与自然的和谐——主体间的和谐。他试图用技术使我们和自然世界走向一种亲和的关系，使我们的生活激荡出盈盈诗意，引导并印证着现代人的生存幻想，让高品位的生活质量和高享受的诗意关爱，一道走进人们的生活空间。

1. 和谐趋善性

这里的“和谐趋善”指的是，罗杰斯的技术在运作过程中体现出来的“尊重自然、爱护自然”的审美特征，这也正是蕴涵在他技术创作当中的审美精神之一。

这一审美精神渗透在罗杰斯建筑作品的每一个角落，其中最为鲜明地表现在他对建筑内部空气的处理上。罗杰斯从来不会因追求所谓特殊的建筑形象而阻碍空气的自然流动，相反，他总是根据空气在建筑中的游走路径来确定建筑的形态，让建筑遵循着自然的变化规律。同时，他也倡导以生态美学的思想来看待建筑和技术，提出技术在为人们提供舒适体验的同时，也要尊重自然、爱护自然，而不要凌驾于大自然利益之上。在具体的运作中主要体现在两个方面：

一方面，罗杰斯充分尊重空气在建筑中的自然流动，并积极地利用各种有效的技术成果将之实现，使建筑生成了优美的外部形态。

在建筑创作中，他总是让建筑结构因循空气在建筑中循环的路径，形成“不是自然界的形式而是形式的自然”[5]的模式。为了在建筑中创造最佳的空气流动模式，他经常运用先进的技术成果，如计算机专业软件对建筑中的气流进行流体动力学分析，建立起自然通风系统的建筑模型。这种高科技的运算模式，以其精确性促成了多种不同驱动方式的自然通风系统得以研制成功，其中最受罗杰斯宠爱的是他所发明的一种流线型屋顶。

流线型屋顶是一种新型的屋顶形式，它是以空气的流动为基础设计的。在罗杰斯的建筑作品中，这种屋顶形式经常被使用在各类建筑上。在高科技软件的修整和辅助下，流线型屋顶能够利于通风甚至引导主导风，促进室内空气的自然循环，营造舒适的环境，而无需高能耗的机械冷却系统。在此基础上，如果再配合其他技术手段，建筑几乎可以完全实现无能耗的空气调节。

泰晤士峡谷大学资源中心（Thames Valley University, England, Slough, 1993 ~ 1996）就是在高科技软件的辅助下生成流线型屋顶的一个实例。罗杰斯与其助手借助计算机软件建立起该建筑通风系统的模型，经过多次气流分析，最终设计了这个流线型的屋顶（图 2–40 ~图 2–42）。这里所谓的“屋顶”其实已经突破了我们平时对屋顶的界定。建筑的一侧从地表到屋面连通起来呈 1/4 圆弧状。空气从地板上方的气孔进入室内，因循这条曲线自然流动，到达弧线顶部的出气孔流到室外。以此达到空气的自然循环，形成室内气流的最佳流动。在这个建筑中，流线型的屋顶覆盖的是该建筑的核心部分——资源阅览室。这是一个人员密集的空

图 2–40
泰晤士峡谷大学资源中心概念草图

图 2–41
泰晤士峡谷大学资源中心分析草图（一）

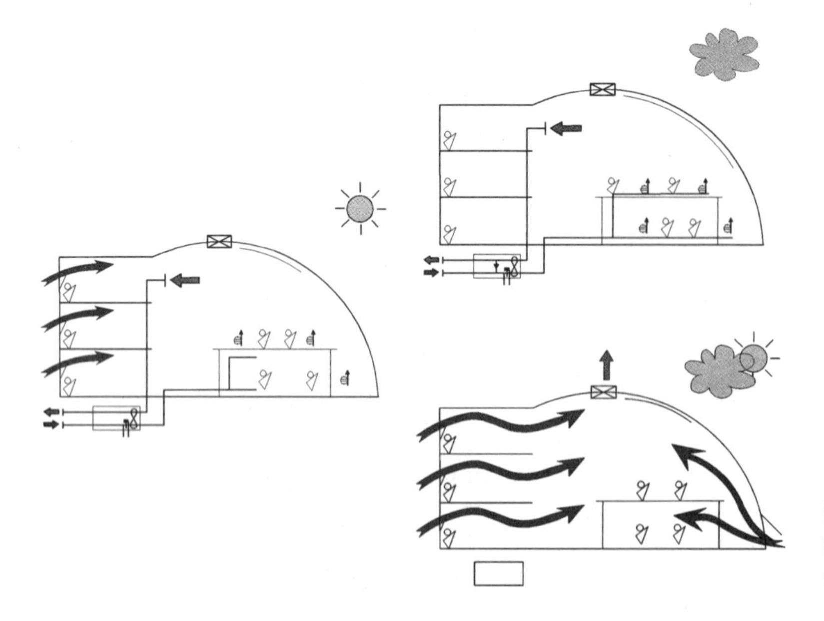

图 2–42
泰晤士峡谷大学资源中心分析草图（二）

间，通常需要较多的排风系统来进行空气调节，会消耗很多电能。由于运用了流线型屋顶，这座建筑基本上不用启动附加的空气调节设备，就可以达到不亚于现代机械设备的排风效果（图 2-43 ~图 2-46）。这个建筑既尊重了空气的自然游走路线，又没有为自然增加环境负担，非常鲜明地体现了罗杰斯尊重自然的技术审美理念。

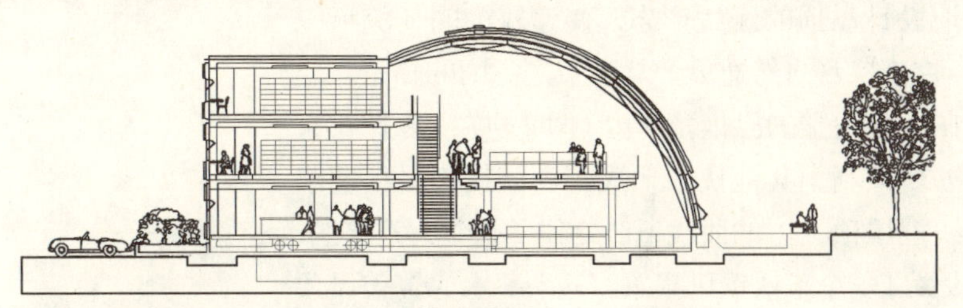

图 2-43（上）
泰晤士峡谷大学资源中心剖面图

图 2-44（中）
泰晤士峡谷大学资源中心建筑形象

图 2-45（左下）
泰晤士峡谷大学资源中心内部（一）

图 2-46（右下）
泰晤士峡谷大学资源中心内部（二）

在新近落成的威尔斯新议会大厦（National Assembly for Wales，Wales，Cardiff，1998～2005）这个建筑中，罗杰斯不仅借助于高科技手段，同时还引入了其他自然技术形式，让流线型屋顶在各种技术形式的辅助下最大限度地发挥优势，来实现建筑内的最佳气体流动。在这个建筑的设计之初，罗杰斯仍然采用了计算机软件来精细、准确地设计屋顶的流线形态，使建筑内的气流可以自由地通过、回转，完全实现自然通风，从而带走室内的热量，使建筑内部始终保持在一个适宜的温度范围内（图 2–47～图 2–51）。在炎热的夏天，罗杰斯又利用其他技术形式辅助流线型屋顶调节室内气流。他在流线型屋顶上方的曲线下凹处作了一个大蓄水池，还在屋顶通风口处设置了一个不锈钢风扇罩。这个蓄水池覆盖屋顶的大部分面积，对室内的高温进行着有效的温度调节。同时，屋

图 2–47
威尔斯新议会大厦设计草图

图 2–48
远望威尔斯新议会大厦

图 2-49
威尔斯新议会大厦建筑形象

图 2-50
威尔斯新议会大厦流线型屋顶细部（一）

图 2-51
威尔斯新议会大厦流线型屋顶细部（二）

顶的风扇在风力的推动下不停旋转，起着强大的拔风作用，使空气在流线型屋顶内的运动速度加快，将室内更多的热量带走。这样，建筑的室内环境在多种技术手段的介入下变得清爽宜人（图 2–52 ~ 图 2–54）。威尔斯新议会大厦因其舒适的环境、节能的运作模式、生动的外观受到普遍认可，并被列为 2007 年英国皇家建筑师学会斯特林建筑奖的候选作品。这样令人瞩目的成绩自然与流线型屋顶的创造是分不开的。而罗杰斯也通过这个作品的流线型屋顶，将自己尊重自然的审美理念更有力地阐释出来。

图 2–52（左上）
威尔斯新议会大厦屋顶通风口（一）

图 2–53（下）
威尔斯新议会大厦屋顶通风口（二）

图 2–54（右上）
威尔斯新议会大厦屋顶通风口外部形象

罗杰斯将流线型屋顶这一技术成果纳入到建筑创作中来，为建筑塑造了有机而生动的外观，轻盈、飘逸的造型给人以心灵的触动。更为重要的是，他的建筑技术创作始终遵循着尊重自然的路线，并引导人们从审美的角度去看待技术与自然的关系。

另一方面，罗杰斯的技术运用不仅饱含着对自然的尊重，也充满着对自然的爱护之情。对于空气，罗杰斯鼓励人们将其作为一种有限资源去呵护，引导人们意识到保持空气质量和净化被污染空气的重要性，并提出优秀的建筑应该能够提供良好的空气质量的观念。他说，建筑是一套输入与输出的复杂系统，它不应像肺叶一样只消耗氧气，更应当如肾脏那样净化空气。也就是说，建筑不仅要为使用者提供干净的空气，而且要保证它不对周围环境造成不良影响，甚至能为周边环境提供良好的空气。因此，在建筑实践中，罗杰斯遵循着"被动式"的技术应用原则来调节空气，用尽可能少的能源消耗最大限度地创造舒适的环境。

"烟囱效应"是罗杰斯作品中经常出现的被动式技术模式，这是利用建筑形体实现建筑内部自然通风的有效方法。它主要的工作原理是：室内的热空气上升，室外的新鲜空气又不断地从建筑下部进入室内，补充进来。这样，建筑内部的空气就呈现一种不断向上的运动状态，进而形成了自然的通风系统。与此同时，这样的气流能够将室内污浊的空气挤走，使室内环境既有新鲜的空气，又有适宜的温度，将建筑与自然密切结合在一起。

在法国波尔多法院(Bordeaux Law Courts，France，Bordeaux，1992～1998）的设计中，"烟囱效应"发挥了很大优势，并对建筑方案的生成起到了主导作用。法国的波尔多气候炎热，建筑内部的温度及气流控制是当地建筑学面对的主要问题。在这一方案中，如何使审判厅获得良好的空气循环成为建筑创作的关键问题。罗杰斯将每个独立的审判庭处理成一个酷似酒桶的外形，四周不设窗，只通过屋顶的天窗采光（图 2–55～图 2–57)。新鲜的空气经过地下水池降温后，从房间下方的通风孔流入室内，带来了清爽的凉意。而房间的屋顶由于太阳的照射不断升温，这样在室内形成了"烟囱效应"。空气由下至上自然流动，产生了比机械风扇更好的拔风效果。这个建筑内部完全凭借自然之力，营造了空气、温度的舒适感，而没有使用额外的人工能源，大大减少了对自然环境的负担，体现了技术对自然的关爱。波尔多法院有趣的外形、清新舒适

图 2–55（左）
波尔多法院类似酒桶的建筑形象

图 2–56（中）
波尔多法院的天窗

图 2–57（右）
波尔多法院的室内

的室内环境令每一个到来的人都感觉到由衷的喜爱与留恋，它使人们亲近自然、爱护自然的纯真欲望得到了满足（图 2–58 ~图 2–60）。这里，建筑技术不再是阻隔人与自然交流的屏障，而是促进人们热爱自然和亲和自然的桥梁。

总之，罗杰斯的技术运用方式不仅为人们提供了形态表层的审美体验，更蕴涵着“尊重自然、爱护自然”的和谐趋善精神，这也正是当代技术审美的审美精神。他认为当今的建筑应当放眼于人与自然的和谐，在人与自然之间营造一种“趋善”关系，让人们获得深刻的审美体验。他曾在他的著作中这样说：“（今天）当务之急是建造一种对环境负责的建筑……使技术确实有益于人类。”[6]因此“我的作品一直关心着包括节能在内的环境问题。”[7]从罗杰斯的技术运用中，我们能够清楚地体会到他对于这一审美精神的演绎：自然是拥有生命和情感的，在人与自然的审美关系中，自然不应是被征服、被索取的对象，而应成为被欣赏与热爱的对象。我们只能爱护它、尊重它，而不能敌视它、破坏它。“尊重自然、爱护自然”这本身就是生态美学中的重要理念，也是人类最初始、最自由、最本真的生存方式。尊重、爱护自然就是尊重、爱护人类自己。这也是技术美学的本质内涵，更是当代社会技术审美新精神的体现。

罗杰斯力求用技术实现对我们所栖身的大自然的关爱，引导人们以审美的眼光看待技术的生态化运用；以审美的态度理解技术与自然的关系。这不仅是技术运用的最高境界，也是人类与自然依存共生的最高境界。

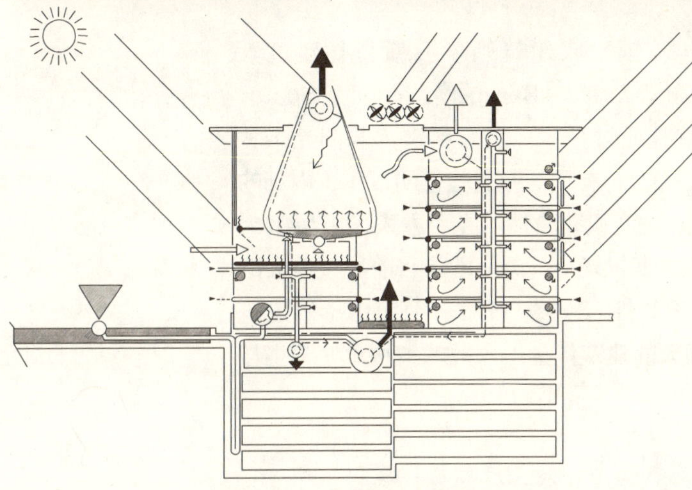

图 2-58（左上）
施工中的波尔多法院（一）

图 2-59（右上）
施工中的波尔多法院（二）

图 2-60（下）
波尔多法院气流分析图

2. 亲和同一性

罗杰斯在建筑创作中，全方位地发掘生态技术的审美效能，不仅使技术具备了和谐趋善性，同时还令其带有“亲和同一”的审美特征。罗杰斯借助技术的力量使建筑回归到自然体系当中，建立起人与自然的亲和关系，使建筑技术具备了深邃的审美价值。追求技术与自然的亲和同一既是当今生态美学的核心内容，也是对当代技术审美的审美精神的精准演绎。

罗杰斯对技术与自然亲和同一这一审美精神的追求，鲜明地体现在他对建筑中阳光的控制上。阳光是万物生长的主宰，是生命得以维持的力量，也是自然界中对人类生存影响最大的因素。从建筑诞生之日起，建筑的形态就与日照因素息息相关。尽可能多地获取阳光是人类朴素的生物需求，也是人类与自然交往的古老途径之一。然而，自现代社会以来建筑界却出现了一股逆流。出于彰显现代技术的无所不能，出于炫耀财团的雄厚实力等目的，社会上出现了一批封闭式建筑。它们不顾巨大的建筑照明能耗、不顾使用者与阳光的疏离，完全与外界隔绝，内部靠大量的灯光进行照明，摆出一幅与自然格格不入的姿态。近年来，这种建筑的弊端日益显露，人们渴盼投入到阳光普照的环境之中。

罗杰斯敏锐地观察到了这一现象，对建筑中自然光这一元素倍加重视，希望用技术的方式，在丰富美化建筑形象的同时，使人们享受阳光、亲近自然。

为罗杰斯赢得2006年英国皇家建筑师学会斯特林建筑大奖的马德里布拉德斯机场(Madrid Barajas Airport，Spain，Madrid，1997～2005)，就是通过技术的力量实现人与阳光亲和的建筑佳作(图2−61、图2−62)。有关照明实验证明，建筑内部的采光方式以顶部采光为最佳，它更贴近自然的光照方式，更为柔和。所以，罗杰斯为马德里布拉德斯机场——这一欧洲目前规模最大的机场，选取了顶部采光的形式(图2−63、图2−64)。由于该建筑采用了弹性的结构模式，硕大的建筑体量由分散的结构单元“树丛”

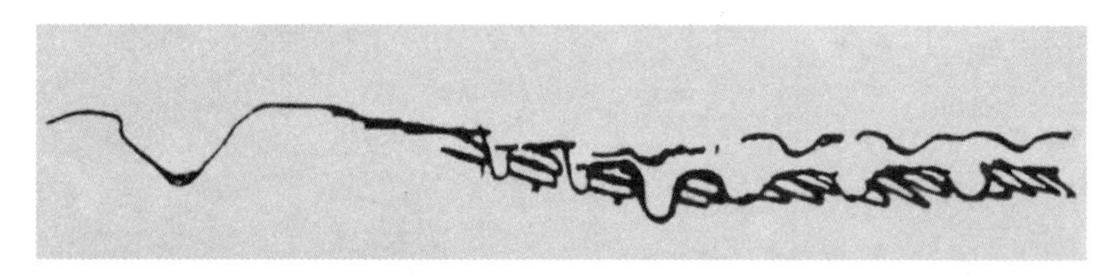

图2−61
马德里布拉德斯机场概念草图

图2−62
马德里布拉德斯机场整体风貌

支撑，这不仅形成了一个有序、规则的空间，还使屋顶获得了更大的自由。因此，在这个如羽翼一般波动的屋顶上，线状地分布着圆形采光天窗，为室内带来了充足的日光。白天，阳光洒满了每个角落，只有在夜晚建筑才通过灯光照明。为了调整光的照度，天窗下设有自动控制的百叶，根据强度的不同来变化角度，使室内的环境更加舒适怡人（图 2–65 ~图 2–67）。

同时，罗杰斯还有意地将天窗的轴线沿着人流方向布置，形成了一个引导流向的柔和标志（图 2–68 ~图 2–70）。乘客进入机场的行走路线就是一条阳光的路线，他们踏着天窗落下的斑驳光影，沐浴在日光之中去到建筑的各个部位。正如罗杰斯自己所说，“我们的目的就是创建一个充满情趣的机场，它应该拥有大量的自然光，拥有良好的视觉清晰度。”[8] 在这里，人们不仅享受着现代化技术所带来的便捷，还畅快地与自然亲近的接触交流。技术不再是人

图 2–63（左上）
马德里布拉德斯机场顶部天窗

图 2–64（右上）
马德里布拉德斯机场顶部天窗外观

图 2–65（左下）
马德里布拉德斯机场结构草图

图 2–66（右下）
马德里布拉德斯机场波动的屋顶

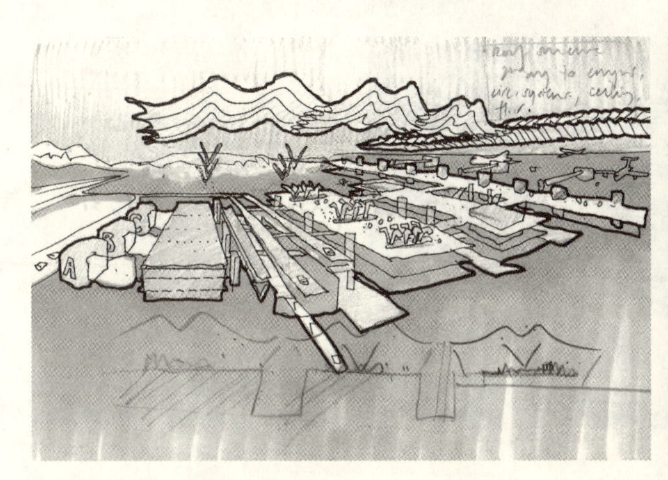

图 2–67（左上）
马德里布拉德斯机场室内（一）

图 2–68（右上）
马德里布拉德斯机场室内（二）

图 2–69
马德里布拉德斯机场洒满阳光的电梯

图 2–70
马德里布拉德斯机场服务大厅

操控自然、凌驾自然之上的无情工具，而是为了实现人与自然之间的亲和而馈赠给人类的精美礼品。

罗杰斯不仅在实践中利用技术手段实现光的合理引入，还通过尖端的技术试验来优化建筑的采光问题。罗杰斯工作组经常运用光照仪器对建筑模型进行精确的日照分析。位于德国柏林的戴姆勒－克莱斯勒办公楼（Daimler Chrysler, Germany, Berlin, 1993～1999）和戴姆勒－克莱斯勒住宅楼（Daimler Chrysler Residential, Germany, Berlin, 1993～1999）的设计就是在这种技术试验的介入下创作的。这组建筑是伦佐·皮亚诺规划的柏林波茨坦广场的一部分，它们以其优越的适居性而受到建筑界好评（图 2–71、图 2–72）。在最初的总体规划中，这三栋建筑均为封闭

图 2–71
戴姆勒－克莱斯勒办公楼概念草图

图 2–72
戴姆勒－克莱斯勒办公楼及住宅楼鸟瞰图

式的建筑形体。但罗杰斯有意地在它们面对公园的方向上，即东南方向上开了口，以便让阳光进入到庭院、中庭及内部空间。在构思过程中，罗杰斯利用日影仪来模仿太阳光的轨道，按照这一模拟的光线生成了建筑的凸凹体块，形成了建筑的最终形式（图 2–73 ~ 图 2–78）。在谈到这组建筑的创作过程时，罗杰斯说："在砍掉一些泡沫模型后，我们的设计可达到太阳光及视线的最佳化。"[9] 由此可见，罗杰斯在建筑创作的各个阶段都思考着日光的照度问题，用一系列技术手段为人们创造了一个柔和的日光环境，让人们可以在纯净的阳光下享受自然的恩泽。

图 2–73（左上）
戴姆勒 – 克莱斯勒
住宅楼平面图

图 2–74（右上）
戴姆勒 – 克莱斯勒
办公楼平面图（一）

图 2–75（左下）
戴姆勒 – 克莱斯勒
办公楼平面图（二）

图 2–76（右下）
戴姆勒 – 克莱斯勒
住宅楼（一）

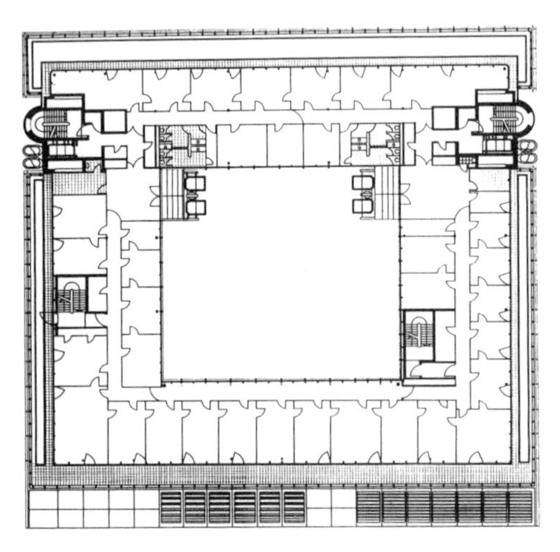

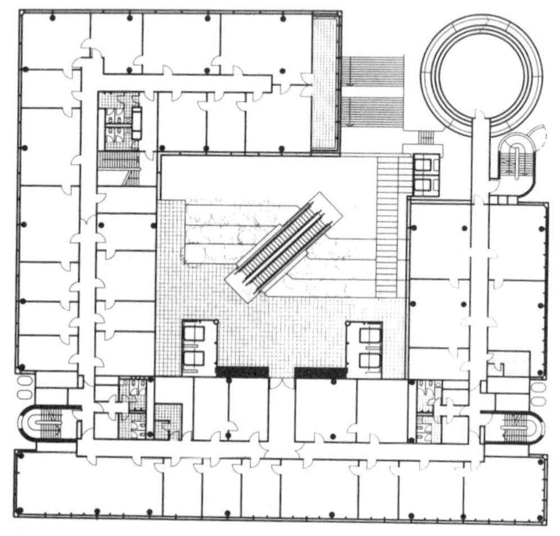

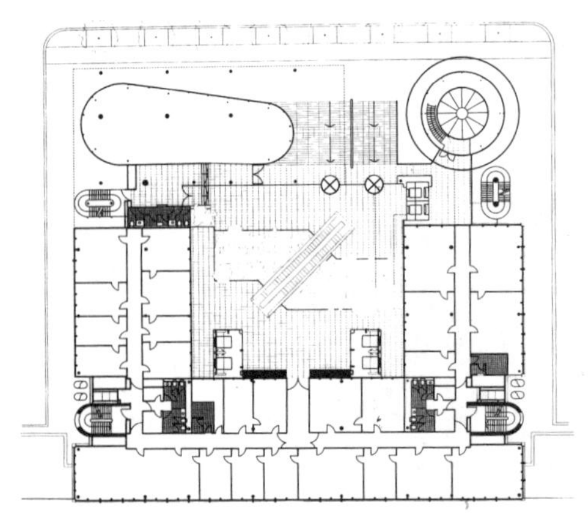

图 2–77
戴姆勒 – 克莱斯勒
住宅楼（二）

图 2–78
戴姆勒 – 克莱斯勒
办公楼

罗杰斯的另一个作品——布劳德威克住宅(Broadwick House，England，London，1996 ~ 2002）也是一个通过高科技的技术试验、合理运用自然光的优秀范例。这是一个利用自身形体的处理来避免影响周围街道采光的建筑（图 2–79、图 2–80）。布劳德威克住宅位于伦敦城 SOHO 保留区内，四面临街。区内的街道虽然比较狭窄，但过路的行人很多，尤其是在临近布劳德威克住

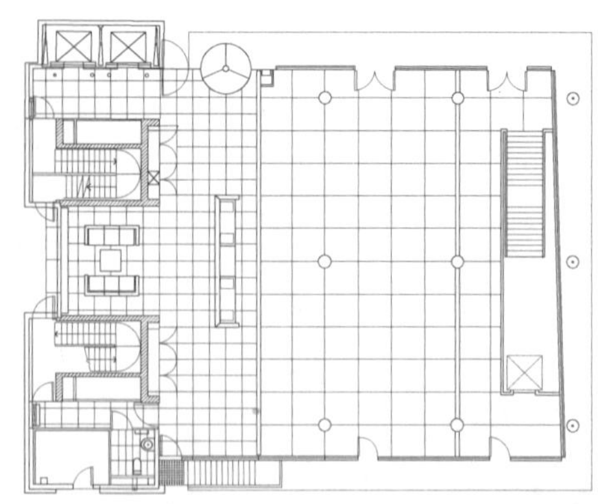

宅的街道上还有伦敦非常著名的街市。而街区周围则是高楼林立，建筑十分密集。这里既有60层高的公寓，也有比较时尚的、后现代主义风格的写字楼（图2–81～图2–83）。因此，对于布劳德威克住宅基地周围的街道来说，能获得良好的阳光是十分可贵与难得的。在这个建筑的设计之初，罗杰斯进行了长时间的思考，并通过技术试验来进行日照分析，最终确定了一个科学且优美的建筑形体。他将建筑的一侧设计成倾斜一定角度的弧形，另一侧做成两端高起、中间下凹的形态（图2–84、图2–85）。这样，弧线的建筑部分能够保证它在一天中相当长的一段时间内，不对邻近的街道造成光的遮挡。由于它倾斜的角度比较大，它左右两侧的街道也能恰

图2–79（左上、中上）
布劳德威克住宅草图

图2–80（右上）
布劳德威克住宅平面

图2–81（左下）
布劳德威克住宅楼与邻近街道关系图

图2–82（右下）
布劳德威克住宅楼与周边建筑关系图（一）

图 2-83
布劳德威克住宅楼与周边建筑关系图(二)

图 2-84（左下）
布劳德威克住宅楼地下餐厅的采光

图 2-85（右下）
布劳德威克住宅楼剖面图

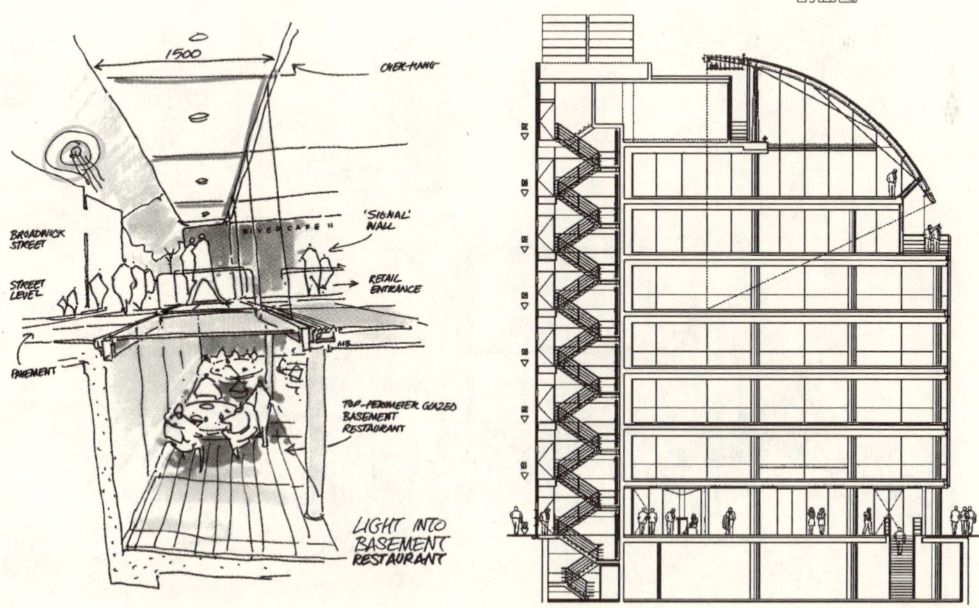

好地接收到一定阳光。而另一侧中间下凹的部分，能够让光线顺利通过，并照射到后面的街道上。由此一来，这个相对体量较大的建筑并没有让路上的行人与阳光疏离，而是借助于前期的技术试验和后期适宜技术的选择让人们一如既往地享受阳光（图 2–86 ~图 2–90）。从这个建筑实例中，我们可以清楚地领略到罗杰斯在技术选择上所体现出来的审美精神：用技术实现人与自然的亲和。

罗杰斯通过技术的多样化运用向人们表达着他对当代技术审美所体现的审美精神内涵的理解。在他的建筑作品中，运用先进

图 2–86
布劳德威克住宅楼室内草图（一）

图 2–87
布劳德威克住宅楼室内草图（二）

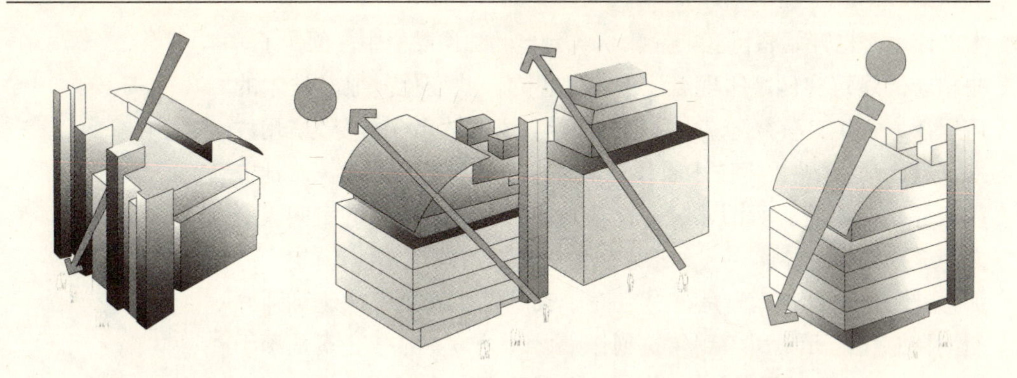

图 2-88（左）
布劳德威克住宅楼
日照分析图（一）

图 2-89（中）
布劳德威克住宅楼
日照分析图（二）

图 2-90（右）
布劳德威克住宅楼
日照分析图（三）

技术手段将日光柔和地引入建筑之中，使建筑与自然达到亲和的审美情景的理想化状态。可以说，这是一种"返魅"的技术，它摒弃了以往的那种不顾人与自然的融合、令人与自然分离和对立的现象，它不再将人与自然的审美关系建立在人对自然的征服的基础上，而是满足人们对那种原始的、尚未破裂的、直接的存在的渴求；满足人们那返回大自然的渴盼的心愿，把人与自然的关系看作是审美的关系，是主体之间的关系，是一种带有生命的"我与你"的关系。而这也正体现了海德格尔提出的"共在"思想的精髓，即消除人与自然的对立，恢复人与自然的亲和性、同一性。

综上所述，透过对罗杰斯的建筑作品中技术形象表层的分析，我们看到的是他对于"人与自然之间亲和性、同一性"这一审美精神的追求，感悟到的是生态美学的广阔内涵和光明的前景。

3. 诗意返魅性

在这里技术的"诗意返魅性"特指技术在实际运作中，以其科学的运作形式为人们营造一个诗意化、人性化的生活空间。这不仅是罗杰斯在技术创作中的不懈追求，也是当今技术审美领域中的审美精神表达之一。

生态审美的最高境界是获取诗意化的生活，实现人类诗意化的生存空间。正如海德格尔在《人，诗意地安居》一书中所说："那让我们安居的诗的创造，就是一种建筑。"[10] 优秀的建筑就是创造一种诗意化的安居模式。今天，在这个"返魅"呼声日渐高涨的时代，宜人的建筑环境的营造也愈来愈受到重视。

罗杰斯——这位坚持走技术路线的建筑大师，在近几年的技术创作中，也开始将诗意的元素引入到自己的作品当中，创作了一些相应的建筑实例，体现着他创作思想的一些变化。他对技术的运用在方式上日渐柔化，由早期的“着意炫耀技术”转变为“用技术打造诗意生活”，将技术看作是渲染建筑灵魂的美好要素。他曾经这样定位建筑：所谓建筑，就是必须有非常感染人的空间吸引人们进入其中去体验它。如果它只是一个没有感情的冰冷的房子，那它就不是建筑，而只是一个空壳。我是说，就在一位建筑师开始把诗意化的元素引入到建筑创作中之时——一部分元素是源于建筑师头脑中早已储备的资料库中，还有一部分是关于建筑师正在尝试着解决的东西——这些诗意的、诱人的元素就会促使建筑师把一些基本的材料转换到三维的艺术空间中，形成一个有灵魂的建筑。可见，他已经将诗意化的内容作为建筑师所创作出的建筑的灵魂来看待了。

罗杰斯在近期的创作中，将营造诗意化的氛围作为建筑创作的关键内容，其主要手段就是实现将绿色元素柔和地渗透进技术体系之中。这不仅使建筑与自然交相辉映，为建筑增加了许多亮丽的风景，还建立了一个宜人的生态环境，营造了一个类似“道由白云尽，春与清溪长”[11]的美好境界。绿色要素的引入方式灵活多样，罗杰斯根据不同的条件而选用不同的渗透形式，效果各有千秋。

其一是注重建筑与绿色植物在建筑外环境的协调配合，为使用者打造一个绿色生态化的、诗意般的建筑环境，使技术审美与环境的营造融合共生。这种方式与一般的建筑绿化不同，它不仅能够提高建筑的视觉效果、丰富城市的街区风貌，还使建筑处于一个幽静的、诗情画意十足的自然生态环境之中。既为人们提一个供轻松交流的休憩之所，又提升了大众的审美情趣。罗杰斯在1990年创作的英国伦敦第四频道电视台总部就是体现了他这种新思想的一个佳作。该建筑位于城市街道的转角处，它的形体如同展开的双臂亲切地抱拥着建筑后部的花园。花园被罗杰斯做了精心的设计，在里面种植有大片的树木、地被植物、雕塑和一些建筑小品（图 2–91、图 2–92）。建筑的布局也围绕着花园来展开，使花园完全融入建筑之中。人们从建筑的各个房间向这里俯瞰，都有一个良好的视觉角度，可以共享自然的美丽景色，为建筑带来诗意般的自然环境。此外，为了进一步利用花园的绿色景观，罗杰斯还特

意在建筑的四层设计了一个可以将花园尽收眼底的咖啡厅，它与花园正面相对，完全开敞。这样一来，公园的景色自然地延续到了建筑当中，并伴随人们在建筑中活动的每分每秒(图 2–93 ~图 2–94)。在这里，罗杰斯不仅为人们提供了一个能与自然亲近的绿色景观环境，还通过这般诗意化的设计手法表达着他在建筑创作中强化审美精神的思想。

其二是注重建筑与绿色植物在建筑的立面与形体上的协调配合，使建筑融合在绿色植物之中。在建筑形式的创造上表达着绿色的、诗意化的审美精神。罗杰斯于 1989 年创作的位于法国斯特拉斯堡的欧洲人权法庭就比较鲜明地体现了他的这一思想。该建筑是罗杰斯设计生涯中的一个重要里程碑，也是代表欧洲新形象的标志性作品之一。业主希望建筑能够体现出欧盟对待人权问题的态度。因此，强调建筑要拥有人文气息，给人以安全感，同时还要格外重视建筑的质量以及建筑与周边自然环境的和谐。该建筑基地位

图 2–91（左上）
伦敦第四频道电视台总部庭院中的雕塑小品（一）

图 2–92（右上）
伦敦第四频道电视台总部庭院中的雕塑小品（二）

图 2–93（左下）
庭院中郁郁葱葱的树木

图 2–94（右下）
绿树掩映下的伦敦第四频道电视台总部

于斯特拉斯堡的一条主要河流岸边，树木郁郁葱葱，风景秀美（图2–95～图2–99）。为了使这些诗意般的景观环境与建筑有机融合，也为了给建筑营造生动、形象和舒适的室内外环境，罗杰斯在建筑创作的过程中有意地将绿色要素引入到建筑的形体表现之中。他在

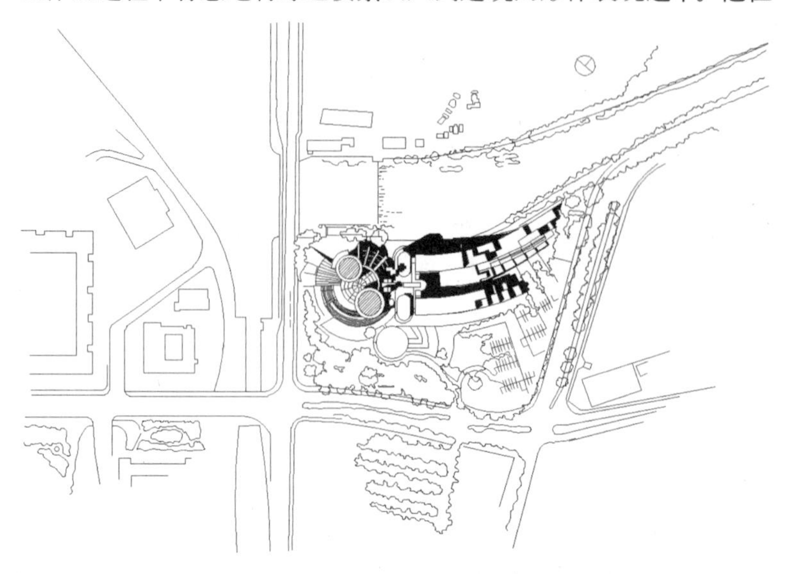

图 2–95
欧洲人权法庭总平面图

图 2–96
欧洲人权法庭概念草图

图 2–97
欧洲人权法庭建筑形象

图 2–98
欧洲人权法庭周边良好的生态环境（一）

图 2–99
欧洲人权法庭周边良好的生态环境（二）

建筑主体两侧立面的不锈钢表皮和遮阳板这两个显示现代材质的外墙上，布置了一簇簇绿色植物爬藤。这些诗意般的绿色植物要素好似从建筑中生长出来的一样，青翠欲滴、生动灵巧（图 2–100 ~ 图 2–103）。它们作为建筑立面的构成元素，不仅软化了建筑的技术形象，也为建筑增添了大自然的色彩与风貌，求得了建筑与周边自然环境的和谐，再一次表达了建筑师强化新时期技术审美的精神表达的思想。

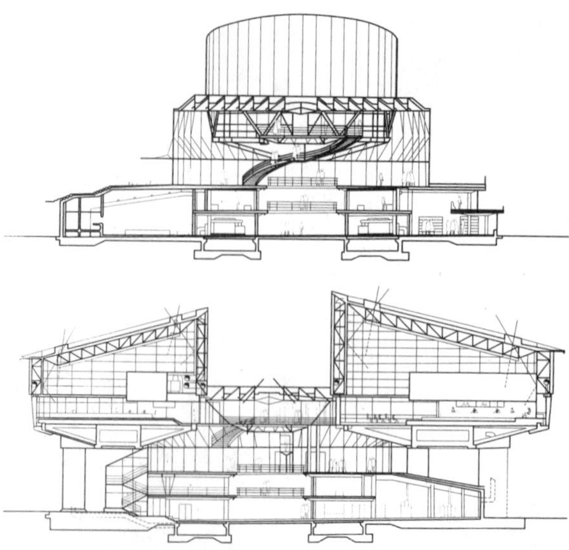

图 2–100（左上） 欧洲人权法庭立面上的绿色爬藤

图 2–101（右上） 欧洲人权法庭剖面图（一）

图 2–102（右下） 欧洲人权法庭剖面图（二）

图 2–103（下） 欧洲人权法庭前的雕塑景观

罗杰斯的这种手法也体现了一种创新的生态技术思维模式，显示出他本人对于"技术与自然依存共生"这一时代精神的追求。在这里，技术已经不再是用来炫耀的口号，不再是显示胜利的坐标，它变成了一种柔化的要素，一种使建筑与自然"天人合一"的要素，昭示着新时期技术审美所体现的高雅清新、诗意浓郁的内涵。

其三是注重建筑与绿色植物在内部环境的塑造中的协调配合，为建筑内部静态的空间环境提供一个不断变化着的动态景观。在建筑内部空间的处理上创造着宜人的、诗意化的审美意境。罗杰斯在1993创作的柏林波茨坦广场的戴姆勒－克莱斯勒办公楼和住宅楼就是体现他这一理念的重要实例。首先，罗杰斯将原规划设计中的封闭式结构开了个口子，将阳光引入庭院（图2–104～图2–106），并在庭院中种满了绿色植物，俨然一个"玻璃花房"。然后，他将建筑布局围绕着庭院展开，使生活区向"花房"开放，使人们可以在这里尽情地享受着阳光与绿荫。这些自然植物不仅为室内空间点缀了宜人的景观环境，而且还为原本封闭内向的空间增加了透明感和层次感，将商业化、技术化的都市特征转化为令人愉快而又惬意的自然环境（图2–107、图2–108）。此外，当植物随着时间的

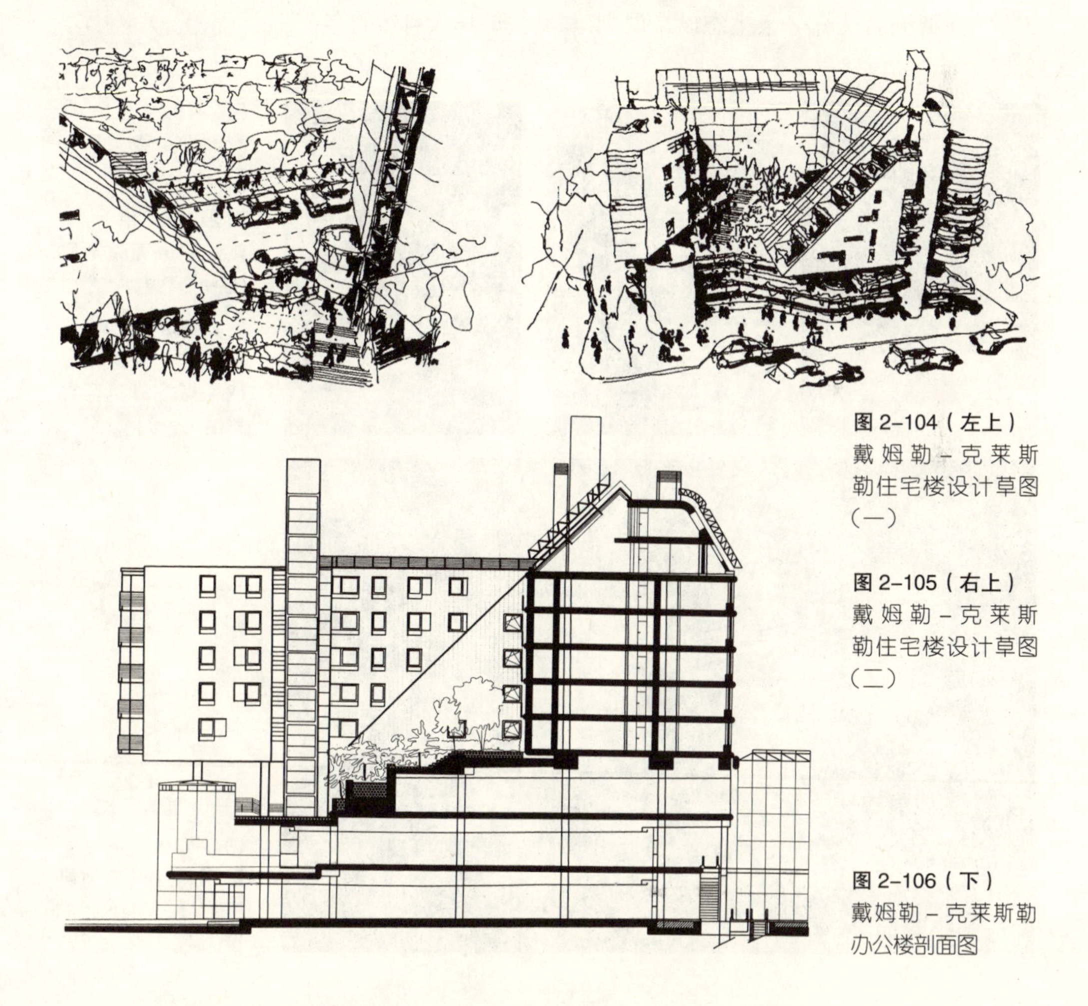

图2–104（左上）
戴姆勒－克莱斯勒住宅楼设计草图（一）

图2–105（右上）
戴姆勒－克莱斯勒住宅楼设计草图（二）

图2–106（下）
戴姆勒－克莱斯勒办公楼剖面图

更迭而生长变化时，建筑内的景观还会随着春夏秋冬而有所不同，在晴天、阴天、雨天也各有变化。只要人们仔细地去欣赏和分辨这些景观的宜人与美丽，体味着点点滴滴感受，人们得到的就是美妙的风景和畅快的心情（图 2–109、图 2–110）。绿色揉入进了人们的生活，软化了技术，提升与美化了人们的物质与精神生活。这就是罗杰斯建筑作品中技术审美所表达的精神内涵。

罗杰斯在建筑创作中频繁地将自然元素引入到建筑的内部空间、建筑形体和周围环境中，创造了众多人性化、诗意化的建筑作品。他在建筑中所引入的这些自然元素不仅是保护能源的积极分子，也是改造工作环境、调动空间情趣的活跃要素。它们可以有效振奋工作者的精神、缓解生活压力。对于罗杰斯来说，自然既是一个审美工具，又是快乐的源泉，它的引入有助于使建筑更加人性化。因此，他遵循着这样一条生态设计原则：与其去效仿大自然的存在，

图 2–107（左）
戴姆勒–克莱斯勒办公楼内的中厅

图 2–108（中）
戴姆勒–克莱斯勒住宅楼中庭

图 2–109（右）
戴姆勒–克莱斯勒住宅楼窗外的自然景色（一）

图 2–110
戴姆勒–克莱斯勒住宅楼窗外的自然景色（二）

还不如随从它们，从而达到建筑技术与自然的和谐共生。

人们是向往诗意般生活的。然而在自20世纪以来，人们一度对于现代生活充满了失望之情。正如海德格尔所说："欧洲的技术——工业的统治区域已经覆盖整个地球。而地球又已然作为行星而被带入星际的宇宙空间之中，这个宇宙空间被打造为人类有规划的行动空间。诗歌的大地和天空已经消失了。谁人胆敢说何去何从呢? 大地和天空、人和神的无限关系似乎被摧毁了。"[12] 面对既有情怀的丧失，在失望、悲观、沮丧的情绪之后，人们开始全力地寻求解决问题的出路。罗杰斯的建筑作品可以说也是这一时代潮流的产物。他试图用自然植物要素向技术的柔和渗透来营造诗意、自然的都市生活环境，让人们可以轻易地躲开浮世，寻觅清静的生活。他的技术创作理念不仅透射出当今社会所倡导的人、技术、自然协调发展的生态观念，也流露出人们追求科技化、现代化诗意生活的精神本质。

总之，罗杰斯的技术创作之路让我们了解到，技术既是一种物质财富，还是非常重要的精神财富，在这种精神财富的内容中裹挟着诗意的因子。虽然现代科技排除了生活中的细雨骑驴、履齿苍苔的舒徐与随意，但是只要我们科学地运用技术、适宜地运用技术，我们同样会在喧哗中留给自己一片宁静的园地，让自由舒展的灵魂感悟技术创造的审美精神，以及技术给予我们的那一份温馨与诗意般的享受。

三、技术与心智的主客共生

罗杰斯从审美的角度调节技术与社会、技术与自然的关系，从根本上说就是用技术处理人与外部环境之间的关系。但是他对于技术审美精神的追求并没有到此结束。他还从审美的角度出发，处理"人"与"技术"的关系，并使之和谐。

他在"人"与"技术"这一主客关系的处理中，一反现代技术社会中的技术霸权主义手法，将"人"确立为整个审美活动的绝对主体地位。在实际应用中，他有意地突显技术要素中的智力结构，使人们能够从中感受到人类自身的创造之美。追求"人"与"技术"——这对技术活动中的主体与客体——的共生发展是我们所面临技术时代的一个重要的发展主题，也是当代技术审美的精神体现。这一精神内容的核心就是对人类自我价值和力量的欣赏。罗杰斯力求通过这些凝聚了人类心血的技术，去丰富技术审美的精神结构，放飞出人类智慧的美感。

1. 主客相合

这里的主客相合指的是，在罗杰斯的技术创作中，“人”占据绝对的主体地位，而“技术”摆脱了昔日的霸权角色，回归到了它所应该存在的客体的位置。人与技术达到了相融相谐、和谐共生的美好境界，反映了当代技术审美领域中审美精神的又一表现主题。

“主客相合”这一审美精神在罗杰斯作品中的具体体现是：技术在满足了人们物质需求的基础上，还能够满足人们更高层次的需求——精神需求。现代科学技术的一系列新成就、新成果的合理应用，使人们基本的物质需求得到了充分的满足，与此同时，人们的认知视野和思维空间也随着技术力量的扩大而扩大。这种思维领域的变更，引发了人们价值观的改变。人们的生活价值观开始从崇拜物质价值，转为崇拜精神文化价值和期待自我价值实现这两个方面。这种价值观转变的根源在于技术成果的创新，同时也受到当今先进技术的大力支持和促进。这种“主客”应合、协调发展的关系充分体现在技术的审美领域，尤其是智能化技术的审美领域。

罗杰斯通过创造智能化的建筑表皮，将这一审美精神突出地表现出来。

首先，罗杰斯在建筑创作中强化对建筑表皮进行智能化处理，达到技术关爱人性的终极目标，并在精神层面上体现着技术审美发展的新趋势。智能化是计算机技术与建筑技术密切结合的产物。罗杰斯十分关注智能化建筑表皮这一新技术形式在建筑中的应用这一建筑发展的前沿课题。因此，在他的作品中大多数的表皮构件都是智能技术的完美体现。比如，根据照度的强弱自动调整反射率的玻璃、自主变化角度的百叶窗和遮阳板等等。它们的工作原理是通过这些技术构件的传感器将它们所捕捉到的环境信息传入到计算机系统进行自动处理，然后由计算机发出指令，控制着它们随着环境的明暗、色彩的变化，而随时变化，或开或合。自动地将阳光等自然要素纳入到建筑之上，用光影的变化为建筑增加无限魅力和神秘感。

图 2–111（左上）
伦敦滨水办公楼的木质遮光百叶（一）

图 2–112（右上）
伦敦滨水办公楼的木质遮光百叶（二）

在伦敦的滨水办公楼（Waterside，England，London，1999 ~ 2004）这一建筑中，智能化运作的百叶作为建筑立面的主要元素起着重要的作用，在满足室内舒适度的同时，也极大地调动着人们的审美情绪。罗杰斯为了提供给人们良好的视野，在这个建筑向阳的一侧运用了大面积的玻璃幕墙。而为了避免阳光的过度照射，配套地安装了木质的遮光百叶（图 2–111、图 2–112）。每当太阳角度发生变化时，这些百叶都会随之调整自己的角度，它们的不断变化构成了建筑的主要表情。当人们远远地向建筑望去，就会欣赏到建筑那生动有趣的形象，让人们感到它似乎有了生命（图 2–113 ~图 2–115）。这样的建筑形象很容易引起人们的喜爱之情，引发人们的精神愉悦。

图 2–113（左下）
伦敦滨水办公楼的建筑形象

图 2–114（中下）
作为立面主要视觉要素的百叶

图 2–115（右下）
木质百叶与技术体系

在戴姆勒·克莱斯勒办公楼中，智能的、艳丽的遮光百叶小范围应用，同样也很好地装点了建筑形象，给人们以精神上的愉悦。罗杰斯将建筑转角处的部位设置了竖向的黄色百叶。这些百叶一方面为室内提供了适宜的环境，起到遮挡阳光的作用。另一方面，由于它处于建筑转角的位置，多变的姿态显得更为突出。人们在经过的时候，都会首先注意到这些颜色明亮的建筑表皮，并为它们随时旋转角度的形象所深深吸引，得到审美的享受（图 2–116、图 2–117）。

图 2–116
戴姆勒–克莱斯勒办公楼转角的黄色百叶（一）

图 2–117
戴姆勒–克莱斯勒办公楼转角的黄色百叶（二）

而建筑室内的使用者，则更是得到了物质和精神方面的双重满足。

这种技术形态，仿佛是人的表情一样，表达着建筑的喜怒哀乐，调动着观赏者的情绪，让人们觉得建筑仿佛具有了生命。罗杰斯通过技术的方式，让建筑如同生物一样，可以新陈代谢、生长进化，不再只是静止的人工物，而是能够与人同呼吸、同生长的动态有机体。

在这里，人们得到了舒适的物质体验，但更多的则是精神上的愉悦。罗杰斯利用智能建筑表皮，揭示了建筑内在的自主性，遵从建筑的自主表达，让人们愉悦地欣赏到自然要素在建筑中不停变化带来的外观美；让人们新奇地欣赏到建筑的“动态表情”；让人们体味建筑与自己共同呼吸的友好状态。这一系列的新鲜感受使人们对这种智能技术怀有十足的好奇心，也充满了喜爱之情。这样，智能建筑表皮实现了它的目的：求得物质功能与精神愉悦、实用性与审美性的完美统一，并以技术的实用之美与艺术之美共同满足人类心灵对美的欲求。

其次，罗杰斯对智能建筑表皮的应用，使人类的价值得以科学地实现。感光的玻璃幕墙就是这样一个例证。感光玻璃幕墙是罗杰斯在作品中应用最频繁的智能表皮之一，它主要由一个单层玻璃幕墙和一个双层玻璃幕墙组合而成。两个玻璃幕墙之间形成缓冲区，空气在这里进行温度过渡和冷热交换。缓冲区内通常有由微电脑控制的百叶来调整日光的角度，能够为室内创造舒适的环境。最重要的是，这种表皮完全通过利用空气与光的自然特性来营造这种环境，而不是以巨大耗能为代价。

联盟综合建筑（Grand Union Building，England，London，2001～今）是罗杰斯新近创作的一个大体量建筑。为了使建筑能够最大限度地获取阳光，也能有效地控制室内温度，罗杰斯在这个建筑中采取了双层玻璃幕墙与百叶结合的方式来设计外立面（图2–118）。由智能系统统一控制的百叶系统既能调节建筑的采光率，又能够阻挡对面小河吹来的强风。而双层玻璃幕墙则可以利用中间宽达1米的缓冲区，形成“烟囱效应”，从而达到无能耗地控制气温、自然排风的效果。这样，建筑依靠这个表皮系统，既能够防止夏天过多地吸收热量，又能减少冬天的热量散失；既能给人们营造舒适的室内环境，又不需要过多能耗，给自然带来负担，完全是一种智能而又环保的技术体系。

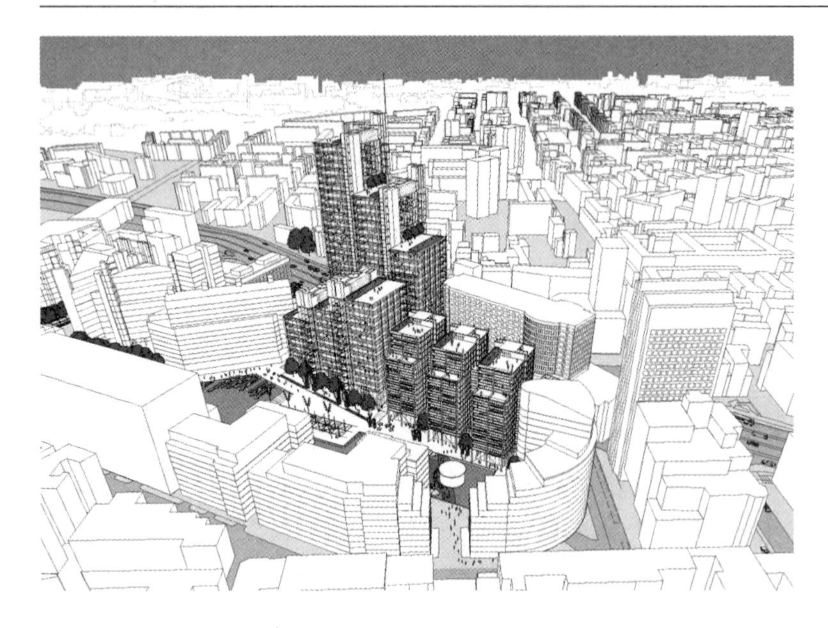

图 2-118
伦敦联盟综合建筑模型

这种感光玻璃幕墙不仅创造了宜人的环境和动态的建筑形象，它还使人类的自我价值在改造世界的过程中得以科学化的实现。通过这种智能建筑表皮的成功实践，人们看到原来自己的聪明才智拥有如此大的力量，它可以调和能源紧缺与建筑高能耗之间的矛盾，还可以调和自然因素与技术功效之间的矛盾。由此，人们感到自己对于环境的调节、对于社会的进步是如此的重要，自身的价值得到了充分的肯定。同时，这种自我价值的顺利实现，又是科学的、合理的、可持续的。这样，技术的丰富性与人本力量的崇高性、伟大性科学地结合，使人们获得一种深刻的心智满足。

总之，罗杰斯借助于智能化的技术力量，不仅为人们创造了优质的精神享受，也促成了人类自我价值的科学化实现，在技术与人的心智之间建立了和谐融洽的关系，而这也正是当代技术审美领域的审美精神的重要表现之一。

2. 主客相生

罗杰斯在技术运用中建立起来的“人——技术”关系，不仅仅具有“主客相合”品质，而且还体现“主客相生”的良好状态。所谓“主客相生”就是指人类通过自己的聪明才智创造了智能化的技术，而智能化技术的成功运用又反过来唤起人们对自我力量的欣赏，并以更大的热情投入到技术研究中去。这样，人在创造与使用新技术的过程中达到了与技术互相促进，相长相生的理想化目标。

如前文所述，罗杰斯十分偏爱在建筑创作中使用智能表皮。而随着近几年来技术成就的不断发展与拓深，建筑界对于智能技术的应用已经不单单止于表皮了。智能技术已经开始形成体系，全方位地介入到当代西方建筑创作之中，并在建筑的运作过程中起着举足轻重的作用。罗杰斯作为坚持走技术路线的建筑大师，一直敏锐地关注着当今新技术的每一步进展。他大胆地尝试智能技术体系的应用，并对它的魅力十分称赞。他说："我们现在正在向建筑机械自动化的时代发展。那时你可以对墙说话，并且它可以回答你；你可以推一下玻璃，它就会变成绿色、蓝色或者粉色，这取决于你想要什么颜色。你想要示爱吗？你推一下玻璃，它就会变成粉色——这多奇妙啊！"[13]

由此可见，罗杰斯认为智能化的技术不仅可以给人带来舒适与便捷，用特有的物质形式与人交流，还会提供给人一种超乎单纯形式上的审美感受。因此，他在实际的建筑创作中，致力于智能技术系统的开发与应用，让技术更好地发挥效能，以便使人们充分地信任技术、热爱技术。同时，也可以让人们在技术应用的过程中欣赏到自己的智慧之美。进而激发人们的创造力与创造热情，投入到今后的技术研究工作当中。

首先，智能化的技术体系可以更为直接地促使人们对技术产生好感与信任感。这是因为智能化的技术体系能够敏锐地、迅速地对外界环境的变化作出精准的反应，从而对建筑内环境作出调整。当建筑能够自动地为人们营造一个舒适的环境，令人身心愉悦的时候，人们就会自然而然地对这个带给他们益处的技术产生好感。比如，罗杰斯作品中的光敏"神经系统"就是一个很好的例子。

近些年来，罗杰斯一直与其事务所的科研人员一起致力于智能技术系统的研究。光敏"神经系统"就是他新近研究出来的一种新的技术模式，并在英国伦敦的奇斯威克公园办公建筑中发挥了令人称奇的功效。该建筑群位于一个风景优美的环境中，每栋建筑在充分尊重周边环境的同时，也努力去营造一个生态、舒适的室内环境。为了科学适度地采纳日光，罗杰斯在建筑内设置了

图 2–119（左）
伦敦奇斯威克公园办公楼的建筑表皮

图 2–120（右）
伦敦奇斯威克公园办公楼的遮光百叶

一套智能化的光敏“神经系统”。这是一套以光敏微电脑为核心的系统，微电脑如同人的神经中枢一般控制建筑外部的铝质百叶窗、可伸缩遮光织布、光敏神经元件和内部通风设施（图 2–119、图 2–120）。光敏神经元件根据照度的强弱将信息传输到微电脑，微电脑再根据所接收到的数据来调控遮光构件的角度和通风速度以及通风量，让人们始终处于适宜的光线与温度中。这种舒适的环境，全然不需要人的控制与参与。人们在建筑中自由、惬意地进行各种工作的同时，当然不会忘记是当代的智能技术给予的这一切，对于当代技术成就的信赖与喜爱之情也就油然而生（图 2–121、图 2–122）。

同时，智能化的技术体系可以让人们更清楚地看到自己的智慧产物，可以大大地增加人们对于自己聪明才智的信心。

罗杰斯事务所新近研究的“热敏反应系统”就是一个自动控制温度的智能系统。这套系统的工作原理如同人体肌肉的收缩运动一样，可以通过转移的功能将外部温度刺激降至最低。同样，它也在电子中枢系统的控制下运转，一边记录环境变化情况，一边了解建筑使用者的动态需要，进而对建筑内环境作出调节。这一智能化的系统是相当敏感与快捷的，能在一瞬间对所有的控制功能和环境参数作多次反应、连续调整，并校正控制系统，以保证建筑内环境充分满足使用者的最佳需求。现在这个系统还在进一步的调试和验证阶段，并没有真正地应用到建筑当中。但是，

图 2-121（左）
舒适的建筑内环境（一）

图 2-122（右）
舒适的建筑内环境（二）

参加试验的志愿者和工作者在试验过程中都连连称赞。他们感到惊喜也非常自豪。原来技术如此智能，而智能技术的创造者——我们人类又是如此智慧。因此，对技术、对人类自身都充满了信心，并希望通过自己的智慧投入到技术研究中去，创造更多有益于人类生活的技术成果。

最近在一个东京办公楼的设计项目中，罗杰斯又将智能系统的运用延伸到对光的控制上。在这个建筑中，他将实现能源的自我平衡作为目标，希望依靠智能的技术系统来实现。他仍然运用了玻璃幕墙，力求所有的空间均用自然采光。而有所不同的是，这个建筑的南立面所采用的是电子玻璃幕墙。在玻璃的表层分布着微小的智能电子元件。当阳光强度较大时，电子元件会敏感地作出反应，改变自己的状态，增加对阳光的反射度。这时玻璃会变成半透明的。而当天空多云或阴暗的时候，电子元件也会同样改变自己的角度，减少对阳光的反射，让玻璃变成完全透明，更多地接纳阳光，以保证室内能够拥有良好的采光。试想，这个建筑的形象将会是多么的生动活泼。就连罗杰斯自己都将它比作变色龙。无论建筑外部的欣赏者还是建筑内部的使用者，他们都会为这变幻多姿的技术形态所感叹，也会被这高科技的智能技术体系中所蕴涵的人类智慧深深折服。

在这样的系统控制下，人们获得的不仅仅是多方位、多感官的丰富体验，更得到了深刻的心灵满足，一种对人类自我智慧欣赏的心灵满足。这正如黑格尔所说的那样："当一个小男孩把石头抛进平静的河水里，然后以惊奇的神色去欣赏水中所展现的圆圈，觉得这是他的一个作品。在这个作品中他看到了自己的活动结果。”[14] 同样，当人们看到人类自己创造的智能技术，可以成功地满足人类自身丰富的物质生活；当人们看到人类自己可以通过发明新技术，利用自然规律来创造财富，改变人类的生存和生活条件，让生命更加完美时，他们获得的不仅仅是物质功利的满足，而是对人自身的精神陶醉和心灵惊喜，体会到的是人类自身的创造之美、智慧之美。

罗杰斯将人类智慧的结晶——智能技术运用到建筑创作中。一方面，让人们对当代技术产生了信任感和喜爱感。另一方面，人们又从中体悟到了自身的智慧之美，使人们对自我的聪明才智充满了自信。在这两个积极力量的作用下，人们会以更大的热情投身到技术创作中去。最终形成一种“人”与“技术”互动的态势，实现了“人——技术”的主客相生、互相促进。

注释：

[1] 王冬．劳埃德大厦：一个矛盾的现象——对劳埃德大厦的建筑评论．华中建筑．1998(16).

[2] 理查德·罗杰斯，菲利普·古姆齐德简．小小地球上的城市．仲德昆译．中国建筑工业出版社，2004，p74.

[3] 大师系列丛书编辑部．理查德·罗杰斯的作品与思想．中国电力出版社，2005，p21.

[4] http://www.rsh-p.com/render.aspx?siteID=1&navIDs=1,4,23,1365,1367 (作者自译).

[5] 单军．日本关西国际机场．世界建筑．北京：世界建筑杂志社，1991，1. 栏目类别：10.

[6] 戴维·纪森．大且绿——走向 21 世纪的可持续建筑．林耕等译．天津科技翻译出版公司，2005，p171.

[7] 戴维·纪森．大且绿——走向 21 世纪的可持续建筑．林耕等译．天津科技翻译出版公司，2005，p171.

[8] http://www.rsh-p.com/render.aspx?siteID=1&navIDs=1,4,24,222,370 (作者自译).

[9] Twins Media LTD. Architect Richard Rogers Partnership. Twins Media LTD, 2005, p209.

[10] 海德格尔著．人，诗意地安居．郜元宝译．第二版．广西师范大学出版社，2002，71.

[11] 李淼、李星译．唐诗三百首详析．第二版．吉林文史出版社，1999，p214.

[12] 海德格尔著．荷尔德林诗的阐释．孙周兴译．商务印书馆，2000，p218.

[13] 大师系列丛书编辑部．理查德·罗杰斯的作品与思想．中国电力出版社，2005，p21.

[14] 欧阳友权．现代高科技的美学精神．求索．1996，(06).

第三章　技术审美的文化表达

文化内涵可以说是建筑艺术的灵魂要素。它是建筑美学范畴中最为深邃的内容，也是建筑技术审美内涵中最为本源的一部分。所以，我们要真正从审美的角度去理解罗杰斯的建筑作品，就必须深入地解读他作品中所包含的文化意蕴，把握他在技术运用过程中所做出的文化表达。

与以往的建筑界对待技术的态度相比较，今天的建筑界更加注重技术创作的文化内涵。如何具备丰厚的文化性已经成为建筑技术的核心问题，追问技术的文化意义成为技术活动本身的重要议题。罗杰斯作为一个以擅长运用技术的建筑大师，在建筑技术运用过程中，特别重视对技术文化意蕴的展现，并将对文化内涵的追求作为技术运作的内在驱动。他通过技术挖掘传统文化的精髓内涵，强化了建筑作品生动鲜明的地域特色；他通过技术对当代多元文化进行透彻、精准的诠释，赋予建筑作品活泼的时代气息；他通过技术塑造优秀的城市文化，打造了一个充满人性关怀的城市环境。总之，罗杰斯的这种让技术包涵丰厚文化意蕴的创作手法，不仅使他的建筑作品中的技术审美成果变得更加丰满厚重，也为当代西方建筑界的技术创作提供了一条可资参考的发展路线。

在当今西方社会大的文化背景下，罗杰斯的建筑作品在技术审美领域突显了传统文化、时代文化和城市文化三个不同层面上的深层内涵。

一、传统文化的超拔

任何一种艺术门类都离不开传统文化的影响。传统文化可以说是艺术生长成熟的土壤，它孕育着艺术萌芽的产生，滋养着艺术果实的成熟。基本上每一个优秀的艺术作品都能够鲜明地体现它所植根的传统文化特色。也只有当一个艺术作品将该地区的文化韵味以特有的方式表现了出来，它才能够保有自我个性与并具有一定的可读性。

罗杰斯在建筑创作中十分注重对传统文化的继承。但与简单的延续式继承方法不同，他采取了一种更高层次的继承方式——超拔式地继承。这主要是指，罗杰斯在建筑创作中对优秀的传统文化采取一种“师其意而非学其形”的继承方法。即超越了停留在形式表层的简单模仿，挖掘并提升传统文化的精髓内质。将传统文化的精髓与现代技术创作结合，赋予建筑地方特色，推动建筑文化及地方文化向前发展。

罗杰斯对传统文化的超拔式继承，使其作品中的技术审美内涵得以拓展。一方面，这种方式为使建筑具备更为持久的美提供了重要的因子。罗杰斯在运用技术的过程中，提炼出传统文化精髓的美学因子，并将其表现出来。这使建筑具备了一种“记忆中的活力”，而不是“瞬间的活力”。建筑的美也因此变得更加凝重，更经得起时间的洗炼，不会因时代潮流的转变而失去魅力。另一方面，这种方式推进了当代西方建筑美学的向着多元化的方向迈进。罗杰斯从传统文化中汲取养分，使之与技术创作相结合，推动了本民族的建筑美学发展，让一个地区的建筑文化真正活跃了起来。这种做法有力地促进了建筑文化的可持续发展，对当代西方建筑美学的多元化发展起到了强有力的推动作用。

1．精神的寻根

这里的“精神”指的是一个民族传统文化中的思想精髓。它是一个民族传统文化的根源，某种程度上它决定着该民族文化的特色及其走向。罗杰斯在建筑创作中始终着意对本民族传统文化的“根”的寻找，将这种文化之“根”的内容融合到作品当中，通过技术的方式将其显现出来。这样，他的建筑作品不仅在形式上，更重要的是在意蕴上体现了本民族的特色。

罗杰斯通过技术对民族精神——民族文化之“根”的寻找，为寻求具有民族特色的建筑之路指引了一个新方向，也为旨在打破全球一体化、追求风格多元化的当代西方建筑美学的发展起到了推波助澜的作用。

(1) 哲学思想的寻根

精神、思想是一个民族的文化根源，而哲学思想则可以说成是这个民族精神思想内容的核心。哲学思想作为一个民族在认识世界、探究世界的过程中所形成的最初观念，渗透在该民族文化体系的各个角落。罗杰斯在建筑创作中，用建筑的语言对本民族的哲学思想进行沿袭和强化，这使其作品带有鲜明的英国民族特征。

英国的哲学与其他欧洲国家的哲学在内容和体系上都存在着本质上的不同。英国的哲学不是一种用理论指导实践的哲学体系，而是从长期的实践当中总结经验，并用这一实践经验来指导下一步实践的哲学体系。这是一种崇尚理性的哲学，即经验主义哲学(Empiricism)。在这种哲学思想的指导下，英国人比其他欧洲国家的人们更关注事物的有用性和实用性，这也就从本源上决定了英国的文化特色与欧洲其他国家不同。这种经验主义哲学由托马斯·埃凯纳斯(Thomas Aquinas)初步建立，由弗兰西斯·培根(Francis Bacon)在实践中加以推进和发展。经验主义哲学如同血液一样，汩汩地渗透在英国人的思维系统当中，成为一个稳定的思想存在。

哲学观念的不同使英国人在对美的认知问题上也产生了与其他国家迥然不同的理念，这无疑也影响到了他们的建筑审美观。以培根为首的皇家学派认为，人不应该刻意地追求美，而应当追求知识的本身，最大限度地争取事物的实用价值。美则是在这一过程中自然流露出来的表象。培根还把这种审美的观点应用到了建筑审美上。他在《文集》第45卷——《关于建筑》中写道："房屋是为了人的居住而建造的，而不是为了欣赏；因此，让我们在考虑式样的统一问题之前，先来考虑使用问题，除非两者必须兼顾的特例之外。所以，就将那些优雅的外观，或只考虑美观的房屋，留给诗人去发挥创造吧。"[1] 在培根看来，建筑中最重要的问题是建筑的实用性，是建筑的技术和结构问题，而对形式美的追求则退居其后。

这种经验主义哲学以及结伴相生的功能主义美学对英国的建筑师产生了深刻的影响。例如，17世纪中期克里斯道弗·仑

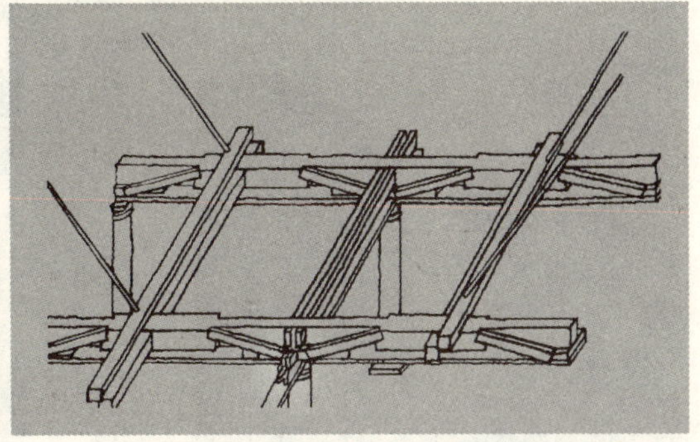

图 3-1（左上）
剑桥大学三一学院的图书馆

图 3-2（右上）
剑桥大学三一学院的图书馆结构图

(Christopher Wren) 设计的剑桥大学三一学院的图书馆（图 3-1、图 3-2)、1851 年帕克斯顿设计的“水晶宫”、詹姆斯 · 斯特林设计的英国莱斯特大学工程馆（图 3-3 ~图 3-5）等建筑，都是这种理念投射到英国建筑师创作思想中的产物。它们都试图表达这样一种建筑审美理念——建筑的美不应当是刻意追求的，而是随着建筑功能、结构、经济等实际问题的科学解决而自然而然地流露出来的。只有那些属于建筑实用范畴中的美的形式才是真正的建筑之美，如功能美、结构美、技术美，而非单纯的形式美。

20 世纪七八十年代，罗杰斯以当代强大的技术力量为支撑，通过个性化的艺术手法，将这一建筑审美理念推向了高峰、推向了世界。他创作了一系列用技术彰显建筑功能美、结构美的作品，打破国际主义一统天下的局面，唤起了英国人对本民族建筑形式的重视。罗杰斯将结构与材料的地位提升到前所未有的高度。在建筑设计之初就进行结构设计，并将此作为建筑创作的重中之重。他崇尚力学形式流露出来的美感，也崇尚材质不加修饰的自我表现。他充分肯定结构、材料本身的所具备的自然美。

例如，英国格林威治的新千年体验中心就是一个彰显结构美的建筑作品。在这个建筑里，罗杰斯没有对建筑作任何额外的装饰，只是将结构技术自信地、大胆地、自然地展现在人们面前。那直冲云霄的 12 根结构柱，充满了紧张、强悍的力量；那如穹隆一般的白色膜结构，轻巧而又舒展。这些技术形态的自然呈现，不仅让人们认识到今天的技术力量之强大，同时还传达给人们浓厚的力学之美和结构之美。这是一种不加雕琢的、自然单纯的审

图 3–3（左上）
英国莱斯特大学工程馆

图 3–4（右上）
英国莱斯特大学工程馆细部结构（一）

图 3–5（下）
英国莱斯特大学工程馆细部结构（二）

图 3–6（上）
格林威治新千年体验
中心

图 3–7（左下）
格林威治新千年体验
中心结构细部（一）

图 3–8（右下）
格林威治新千年体验
中心结构细部（二）

图 3–9（左上）
格林威治新千年体验中心结构细部（三）

图 3–10（右上）
格林威治新千年体验中心结构细部（四）

美客体，也正是在英国传统美学理念滋养下产生、发展的审美客体（图 3–6 ~图 3–10）。

新近建成的西班牙马德里的布拉德斯机场，也是一个以显示结构、材料自身所具备的技术美为主导的建筑。为了使建筑内拥有良好的气流循环，罗杰斯将建筑屋面做成波动的流线型（图 3–11 ~图 3–14）；为了让建筑拥有功能上的灵活性，拥有一个开敞流畅的空间，他选取了成组的树状支撑体系。罗杰斯遵从结构形式的自然流露，没有对这些结构加以掩饰，而是对其进行视觉上强调，让这些结构技术的形象成为整个建筑形象的主导要素（图 3–15、图 3–16）。可以说，这个建筑的美就是建筑技术的美，就是结构力学形态的美。这种审美客体体现了罗杰斯本人的审美理念，也是英国功能主义美学的具体体现。

他用技术向人们传达这样一种理念，建筑美的本源来自于结

图 3–11
马德里布拉德斯机场

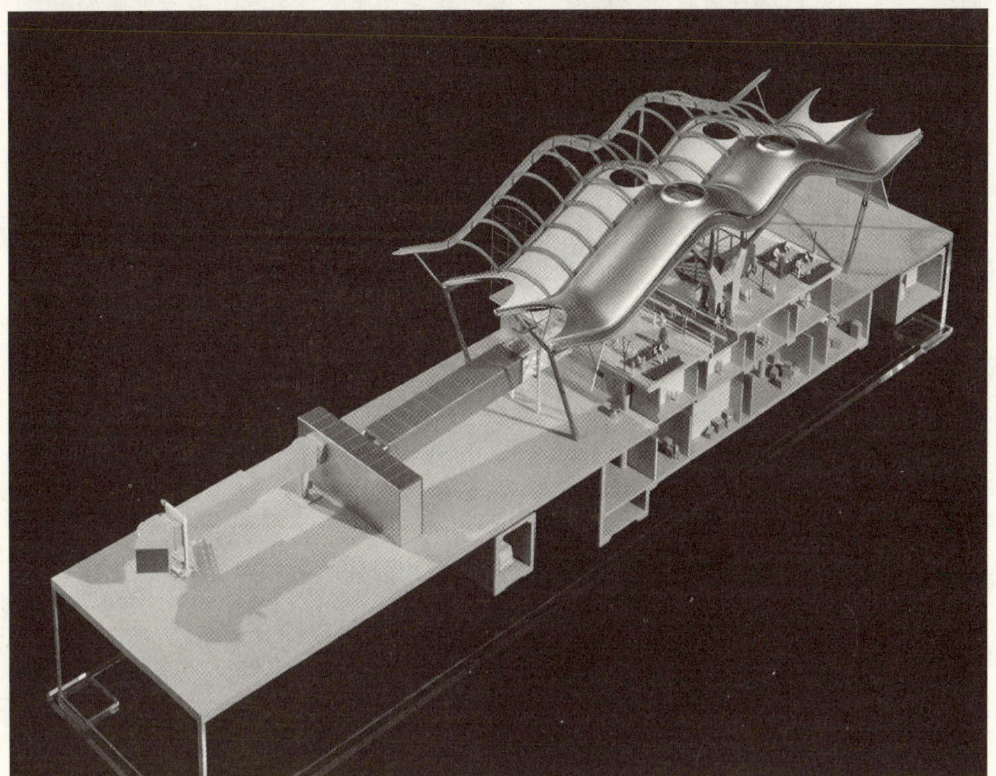

图 3-12（左上）
马德里布拉德斯机场流动的屋顶（一）

图 3-13（右上）
马德里布拉德斯机场流动的屋顶（二）

图 3-14（下）
马德里布拉德斯机场的结构模型

图 3–15（左）
马德里布拉德斯机场树状的支撑结构（一）

图 3–16（右）
马德里布拉德斯机场树状的支撑结构（二）

构功能的自然流露，来自于力学形态的秩序，之后才是技术的艺术雕琢。这种理念显然是以英国经验主义哲学思想和功能主义美学为土壤，将其精神加以继承、强化、演进的结果。

这样一来，我们是否可以对罗杰斯的作品多一种思考。当今建筑界对罗杰斯作品的评判分歧很多，有的说它们是对现代主义理性的继承；有的说它们是后现代主义建筑流派中的一支，是对现代主义绝对化的反叛；有的说它们是激进地炫耀技术的结构主义的产物。但是，当我们追溯英国传统的哲学思想的根源之后，也许可以说罗杰斯其实就是一位对本民族文化进行虔诚地寻根的建筑师，一个用建筑创作来解读与演绎本民族哲学思想的建筑师。从他技术运用的方法中，我们可以看到他对英国传统哲学思想这一文化精髓的沿袭。他以贵族式谦逊和谨慎的态度，运用现代先进的工业材料，执著地表达着传统文化的内在精神。

（2）文化精神的寻根

文化精神是一个民族文化中又一个深层次的思想内核，它在很大程度上决定着该民族的文化走向。英国文化精神的主要内容就是乐观精神与探索精神，也正是这种积极向上的文化精神引导着英国人民在历史上取得了诸多令世界瞩目的成就。罗杰斯对这种优秀的精神传统深入挖掘，并使之积极地介入到建筑创作与建筑试验中来。优秀的文化精神与当代先进的技术成果相结合，结出了丰富的果实，也为罗杰斯的建筑作品烙上了鲜明的民族烙印。

乐观与探索的精神作为一个内在的文化驱动力，主导着英国文化的发展方向，同时也深深地影响着今天的建筑创作。在工业革命之后，技术力量与文化精神共同作用于建筑文化，衍生出了技术乐观情绪和技术探索倾向。建筑师基于对技术力量的崇拜，认为科学技术是可以解决一切问题的。他们勇于采用时代先进的科技的成果，试图用技术的手段给予人们对未来的承诺。这种思想精神从上个世纪 60 年代开始在英国建筑界中初露端倪。到了上个世纪末，已经发展成为英国建筑界的主导思想，被许多建筑师所继承。其中代表建筑师当属罗杰斯，他坚持用这一思想指导建筑创作。

一方面，他以乐观的精神对待技术的发展。罗杰斯反对当今所谓的“技术罪恶论”。他说：“我们的技术和预见能力已经改变了我们的世界，并且令人震惊。1798 年，英国人口学家和政治经济学家马尔萨斯曾警告：根据他的计算，世界人口的增长速率超出了地球养活未来世界人口的能力。他已经被证明是错误的，因为他在计算时没有考虑到技术的巨大潜力。在他作出这一不吉利的预言以后的 100 年，英国人口增长到原来的 4 倍，而技术的进步使农业产量变为原来的 14 倍。当今技术发展更快并提供更多的机会。从自行车发明到空间旅行仅用了两个生命周期：而从第一台电子计算机发明到信息高速公路的发展之间则只用了不到半个生命周期的时间。”[2] 从他的言论中，我们可以看得出他是充分相信技术的积极力量的。他坚定地认为，只要我们科学地、理性地运用技术，技术是可以解决今后即将出现的诸多难题的，也必将会给人们带来一个美好的明天。

另一方面，罗杰斯在建筑创作中勇于进行技术探索。在技术运用的过程中，他一直思考如何能够利用技术来缓解建筑耗能对自然环境的压力问题。对此他进行了一系列技术试验，寻求到了较为科学的解决方案。

其一，他发掘传统的、被动式的技术模式来干预建筑的形体设计。并引入了绿色植被、控温水池等自然技术手段来实现建筑内部通风、采光、温度的自然调节。这些技术模式的介入，不仅能够减少建筑的能耗，甚至还能够实现能源的循环与再利用。

在伦敦劳埃德大厦中，罗杰斯运用钢筋混凝土所具有的较高的蓄热性能来调节室内温度。在这个建筑的交易大厅中，有一个硕大的、裸露着的钢筋混凝土顶棚，它的温度随着夜间的温度下降而下降，而白天则需要吸收大量热量来实现与周围温度的平衡（图 3-17、图

图 3–17（左）
伦敦劳埃德大厦内的混凝土结构（一）

图 3–18（右）
伦敦劳埃德大厦内的混凝土结构（二）

3–18)。因此，在白天它能够起到一个制冷机的作用，不断地冷却周围的空气，减少了白天使用时所需的人工制冷量。然而，这个技术并不是所谓的“高技术”，正如罗杰斯个人所说：“这些技术其实仅仅是我们人类已经持续运用了几千年的方法的再现而已。”[3] 罗杰斯在建筑创作中，充分利用建筑材料的各种优越性能，力求通过被动式的技术模式来营造舒适的建筑环境（图 3–19 ~图 3–20)。

法国的波尔多法院是罗杰斯利用“控温水池”——这一自然技术手段来调节室内温度的佳作（图 3–21、图 3–22)。在这个建筑所处的场地中，有一个大蓄水池。空气掠过这个室外水池被冷却和加

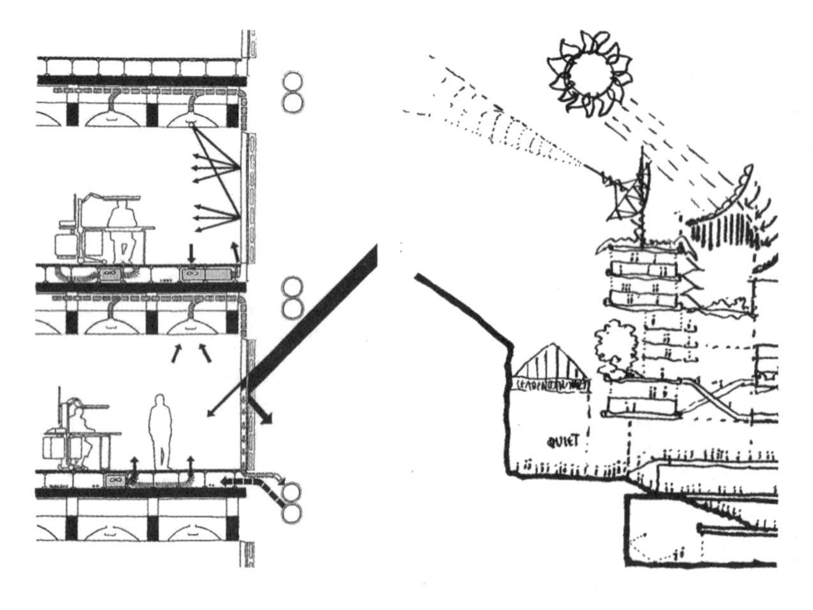

图 3–19（左）
伦敦劳埃德大厦被动技术分析草图（一）

图 3–20（右）
伦敦劳埃德大厦被动技术分析草图（二）

图 3-21
波尔多法院基地模型

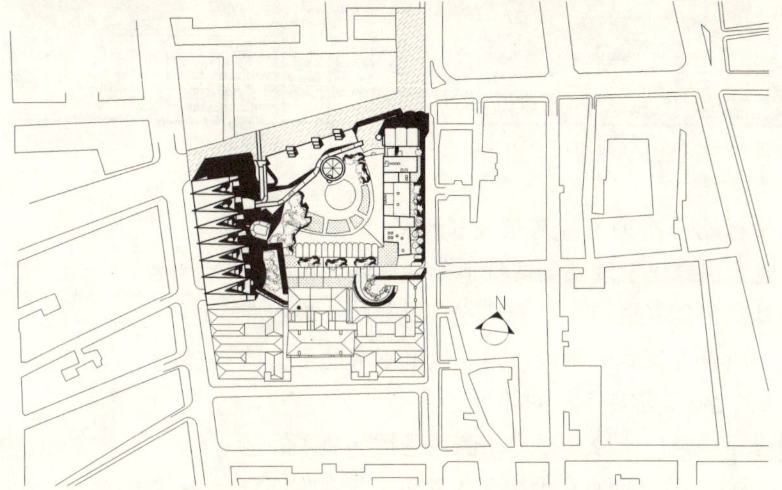

图 3-22
波尔多法院总平面图

湿，然后经由建筑下部的进气孔进入建筑内部。因此，这个建筑中的空气是清爽新鲜的，再配合前文叙述的“烟囱效应”，整个建筑的内部环境是非常舒适的。而更为重要的是，这是一种自然的技术方式，有效地减少了建筑的能耗，降低了建筑对于周围环境的负面干扰度。同时，这一自然的空气调节系统大大丰富了建筑的整体风貌。它一面是形体优美的现代建筑，一面是壮观的中世纪教堂，平静、宽敞的水面上承载着建筑的倒影和建筑内人们活动的生动景象，而这一切又成为庭院内人们欣赏的对象（图 3-23、图 3-24）。罗杰斯利用“控温水池”这个自然、简约的技术模式，不仅为建筑节约了能耗，同时还为其增添了靓丽的风景。

图 3-23（上）
波尔多法院与水池关系草图

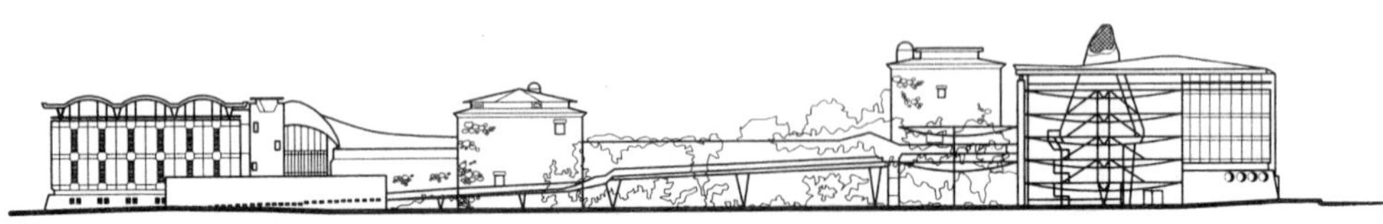

图 3-24（下）
波尔多法院剖面图

在英国诺丁汉举行的一次地方税务署建筑设计竞赛方案中，罗杰斯的方案巧妙地运用绿化手段来创造舒适的微气候环境。竞赛明确要求设计要具备低能耗的性能。为了实现此目的，罗杰斯说："我们通过自然中所有能找到的手段，不依赖也不求助于机械系统和高能量消耗来创造一个不冷不热的环境。"[4]

建筑基地的周边环境条件十分棘手，两侧均是被污染了的运河，而且噪声很大。因此，罗杰斯有意地把两幢建筑放置在临近公路的一侧，并在建筑与运河之间和两幢建筑之间各布置了一座小型的公共花园。罗杰斯设计这两个小庭院的目的不仅是为了使其成为这组建筑的视觉焦点，优化建筑的视觉形象。更为重要的是，庭院的充足绿化有助于让基地内形成一个优质的小气候。比如，一棵长成的树，每天能够吸收大量的二氧化碳，释放氧气，并蒸发 380 升的水，从而净化了它周边的空气。在夏天里，枝繁叶茂的乔木能够给人们提供阴凉，减少阳光照射所产生的热量，并且减少进入建筑的眩光。在这两个小庭院中，乔木、灌木和其他地表植物组合成一套绿化体系。它们共同过滤空气当中的污染物，并对空气进行冷却和加湿，改善了建筑外部的空气，确保进入建筑内部的为清洁、宜人的气体。同时,罗杰斯又配合了其他技术手段,如双层玻璃幕墙、流线型屋顶等技术，全方位地节约建筑的能耗，实现了建筑的低能耗运作(图 3–25)。

由此可见，罗杰斯在建筑创作中非常善于挖掘被动式技术模式的效能，赋予它们一定的科学性，全面运用到具体的建筑设计中来,并取得了很好的效果。这也体现了他开拓创新、勇于探索的精神。

其二，在节能技术的实验中，罗杰斯引入了高科技程序进行量化评估。他与其事务所的同事运用飞机和汽车制造业中的动态计算机程序,模拟那些穿过建筑和围绕建筑的气流。通过这样的模拟,他们就可以根据建筑内部的主导风向来设计建筑的外部形态，实现建筑的自然通风。更为有意义的是，他们还在实验中引入了飞机机翼所运用的“升力”原理来推敲建筑的形体。通过这种实验所产生的建筑外部形态，能够使该建筑与相邻建筑之间风速流动加快，以补充到建筑的内部空间之中，使建筑获得良好的自然风。

图 3–25
地方税务署建筑设计竞赛方案

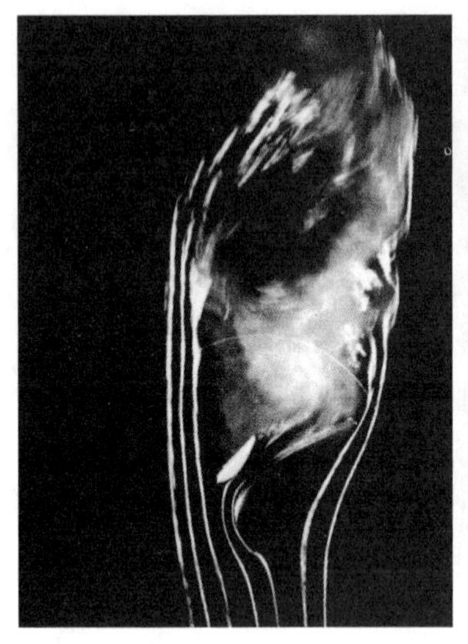

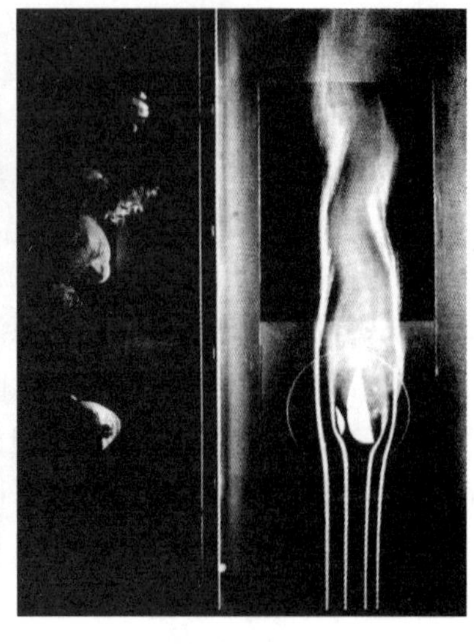

图 3-26（左）
罗杰斯与其助手进行的风洞实验（一）

图 3-27（右）
罗杰斯与其助手进行的风洞实验（二）

罗杰斯于 1992 ~ 1993 年为日本东京设计的涡轮机大楼方案（Turbine Tower，Japan，Tokyo，1992 ~ 1993）就是在这一原理支撑下进行的实验性作品。罗杰斯根据“风洞”实验中生成的建筑形体，创造性地在建筑外侧安置了风力发电机（图 3–26、图 3–27）。当风在建筑主体和电梯塔之间经过的时候，就会进入风力发电机，从而成功地将建筑外环境中所形成的风力转化为电能。当然，这套涡轮发电机装置是经过罗杰斯及其助手全面、科学的实验创造出来的，它在不同方向的主导风的条件下都可以正常工作（图 3–28 ~ 图 3–30）。白天，它能够为建筑供应充足的服务用电。夜间，它则能够将剩余的电能向国家电网输送，补充周边地区的用电消耗。这样一来，他所创作的建筑不仅实现了能量的自我平衡，还有效填补了社会能耗。而这种能源的产生过程也是绿色环保的，这样产生的建筑也成为未来生态建筑的发展方向。这种由技术主导下的建筑形态，也必然会引领技术审美领域的新走向——即技术、文化、审美三位一体的发展趋势。

总之，罗杰斯继承了英国民族文化中的乐观精神与探索精神，并将这种精神内涵运用于他的建筑创作之中。而这种带有浪漫气息的乐观精神也使他始终保持着一颗好奇心和求知欲，以持续的热情吸收知识养分，实现建筑技术的不断革新；而理性的探索精神则促使他执著的探索真理，在技术创作上不断地探索着技术审美所表达的新内涵；他通过对于民族文化之“根”的寻觅，不仅创造

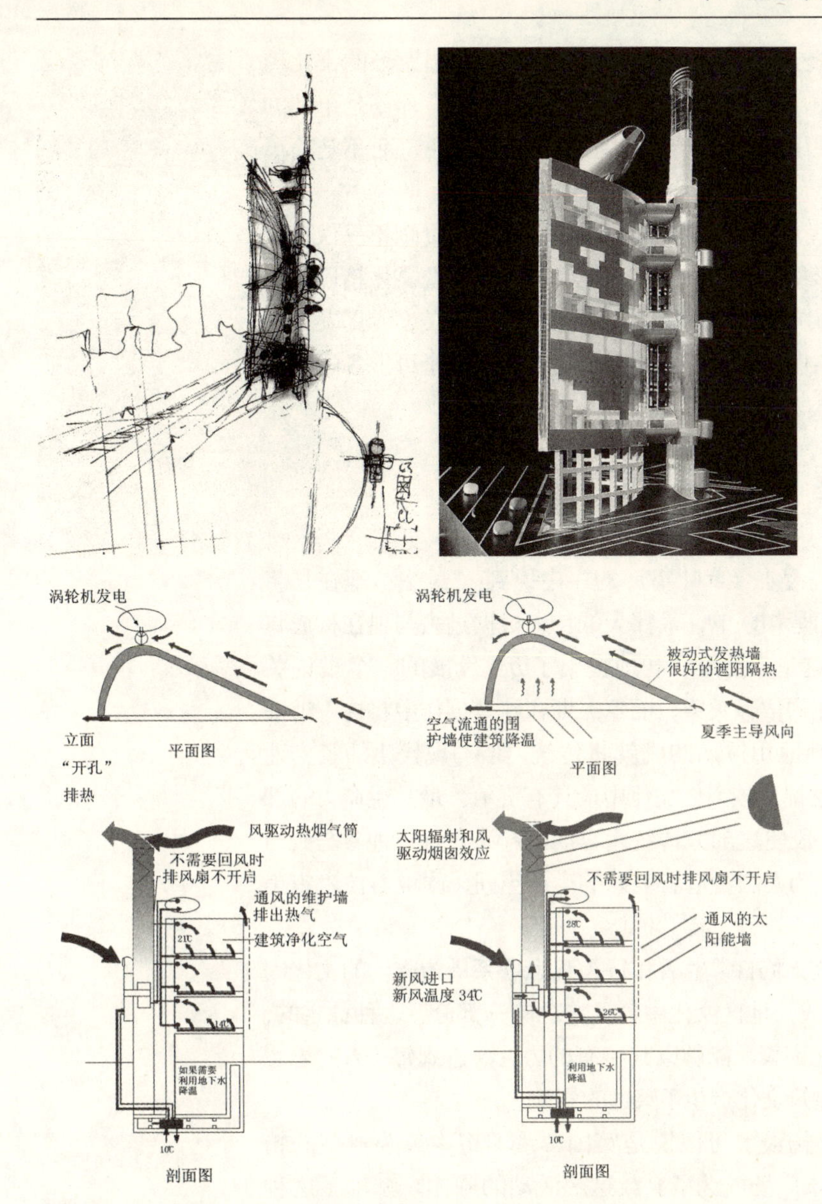

图 3-28（左上）
东京涡轮机大楼概念草图

图 3-29（下）
东京涡轮机大楼气流分析图

图 3-30（右上）
东京涡轮机大楼模型

性地将本民族优秀的建筑文化传统继承下来，同时还积极地、科学地引领新的建筑形态向未来的技术审美领域发展。

综上所述，罗杰斯对技术的运用过程也就是对传统文化的"根"的挖掘过程，是在解读传统文化精髓的基础上，对传统文化的超越式继承。"当今文化界对传统有两种理解：一种是指眼睛看得见的，如建筑的样式、外观；另一种是眼睛看不见的，如建筑创作中渗透的人们的生活方式、习俗等，是无形的传统。"[5] 罗杰斯超越了对传统建筑外显形象的简单效仿，利用技术挖掘无形的文化传统。在他的建筑中，技术追求的是写意的精神内涵，而不是单纯的形式效仿；表达的是对民族传统文化的理解和尊重，而不是简单地附和与追捧。

罗杰斯对于民族文化精神的“寻根”，其美学贡献不仅仅在于引发了建筑艺术形象的突破，还在于他弘扬民族传统文化精髓，张扬自我的风格，为抗击美学霸权主义、促进建筑审美多元化发展提供了坚实的基础，也为发展民族传统文化提出了一个可供各国建筑师参考的技术模式。

2. 习俗的承转

美国诗人惠特曼在《草叶集》的序中说到：“过去、现在与将来不是脱节的，而是相联的，最伟大的诗人根据过去与现在构成将来的一致。”[6] 在这里，诗人睿智地提出了历史发展的一个辩证关系，即过去与现在的依存关系。而罗杰斯在建筑创作中将这一辩证法加以演绎，成功地用技术的成就将传统习俗与现代生活紧密地联系在一起。他挖掘民族习俗文化中最具有价值、最具生命力的部分，用现代技术手段使这部分传统内容活跃起来，有效地参与到当代建筑创作当中，为人们营造着美好的生活空间，体现着技术审美的深刻内涵。

传统习俗是与人们日常生活和行为观念联系最为密切的文化因素。它世代相传，成为地区文化中最具特色的一部分。这种稳定的、富有亲和性的文化因素，能够以其特有的力量渗透到每个人的思想当中，也进而对建筑文化产生了深远的影响。

“自由不羁的畅谈”可以说是英国传统习俗中最为典型的特征。咖啡屋和城市广场成为了承载这一活动的载体。咖啡屋这种建筑空间形式原本是只供王室贵族使用的。直到17世纪才开始面向大众服务。在17、18世纪，英国社会的经济、思想、政治都处于一个转型的关键阶段，所以人们在咖啡屋中并不是单纯的喝咖啡，而是交流思想观点、畅谈政治理想，有的人甚至在这里会客、处理事务。当时英国许多前卫、激进的思想便产生在这里。咖啡屋中的人们并不关注彼此的来历，只关注彼此的见解。这使咖啡屋成为人们交谈、争辩、谈论的重要场所，受到大众的普遍喜爱。

因此，咖啡屋连同人们在咖啡屋中自由交流的这一习惯逐渐保留下来，并成为一种传统被沿袭至今，成为现代英国人生活中不可或缺的一部分（图 3–31）。

罗杰斯观察到了这一传统习俗对于人们生活的重要性，通过技术创作对这一传统加以继承、推进。在他所创作的英国域内的建筑中，几乎每一个建筑都预留出这样一个交谈空间，以供人们在其中交流思想。例如，他在伦敦第四频道电视台总部的设计中，在建筑的四层面向开阔绿色庭院的地方布置了一个供员工们休息聊天的“咖啡屋”，在这里人们既可以如以往那样发表彼此的见解、放松自己的神经，同时也摆脱了传统咖啡屋的那种封闭、黑暗的空间模式，在继承中蕴涵着创新（图 3–32 ~图 3–34）。

当然，罗杰斯对于咖啡屋这种

图 3–31
17 世纪英国“咖啡屋”文化

图 3–32
从庭院内向建筑望

图 3–33（左上）
伦敦第四频道电视台总部“咖啡厅”（一）

图 3–34（右上）
伦敦第四频道电视台总部“咖啡厅”（二）

传统习俗的引用也决不止于在空间形式上，他还秉承了这一传统习俗的精髓内质，并给予充分发挥，以适应现代社会的发展需要。他在伦敦的劳埃德大厦的设计中就将这一点体现得十分精彩。在这个建筑中，罗杰斯利用轻型钢结构这一现代技术成果，营造了一个无阻隔的室内空间。特别是那环绕中庭的 16m 宽的跑马廊，更是一个十足的通透空间。各部门、各工作团队以及客商都可以聚集在这样一个宽敞的空间里，洽谈生意及工作事务。空间中洋溢着轻松、融洽的气氛，人们就如同在熟悉的咖啡屋中一样怡然自得（图 3–35、图 3–36）。传统的习俗在现代化的建筑空间中得以成功地转换，技术审美的文化内涵得以畅快地张扬。

而十分巧合的是，伦敦劳埃德公司——这一全球最大的保险企业，在创建之初的一段时期内，就是在伦敦塔街上的一个咖啡屋内办公的（图 3–37）。罗杰斯将这个与公司传统契合的民族习俗提炼出来，应用到公司的现代建筑之中。这不仅延续了企业的发展历

图 3–35（左下）
宽敞的跑马廊空间

图 3–36（右下）
无阻隔的办公空间

图 3-37
伦敦劳埃德公司早期工作场景

史，使这一现代的办公建筑与曾经的办公空间一脉相承，同时还提供给人们亲和的环境氛围，使职员们置身于开放、轻松的工作环境里，弘扬了企业文化。可以说，罗杰斯将传统习俗中的文化内涵成功地渗透到了现代技术成果当中，寻求到了传统与现代的同质因子，并实现了文化共振。

罗杰斯以发展的眼光，研究传统文化的存在逻辑和延续方式，以前瞻性的姿态将传统中最具活力的部分与当代全球文化的最新成果相结合。正如吉伯德所说的那样："正在建设的东西是为了当前使用的，只能用现代的思想方法来表现……一切伟大的设计者都有一种传统的意识，一种'不只是为了过去而过去，而是为了现在而过去的'历史意识"。[7] 罗杰斯也正是一个将连续的传统引向未来的优秀建筑师。他将他那开放的"文化地区主义"思想付诸于实践，通过技术在传统习俗与最新的技术成果之间寻求一个平衡点，以求得传统文化与现代建筑之间的协调，求得人类美妙生活同现代工业文明的友好共处。

罗杰斯通过自己对传统文化的独到理解，使技术审美具备了可贵的历史延续性，不仅焕发了传统文化的新生，同时也使今天的技术审美具备了更为深邃、更为丰满的文化意蕴，使它获得了生命与灵魂。

3. 方言的提炼

"陌生化"和"熟悉化"是罗杰斯对待传统文化经常使用的两

种方法。对待本土文化，罗杰斯侧重于运用“陌生化”的处理方式，努力摆脱由于自身熟悉的文化背景的影响，避免简单地再现地区传统。对于异域的传统文化，他尽量向当地“方言”学习，以便提炼出令当地人熟悉的文化特征。他对于异域建筑方言的提炼，体现了一种对当地文化的尊重态度。这对于维持社会文化的生态平衡、促进地区文化的动态发展起到了积极的作用。同时也有助于全方位实现技术的可持续发展，使技术真正地具有新时代的技术美学内涵，以审美的态势参与建筑创作，给人们深刻的精神享受。

罗杰斯在建筑创作生涯的中后期，格外注重建筑的地域特色提炼。尤其是在异域的建筑创作中，他积极地学习该地区的文化“方言”，并用技术完成建筑对当地传统文化的回应。当然，这种回应并不是停留在形式层面的技巧玩弄，也不是单纯从商业角度出发的地区主义。而是在理解、消化当地传统文化的基础上，对当地建筑的尺度、气质所作的“熟悉化”处理。使建筑既具有时代特征，又具有传统风貌，充分满足当地人们的审美需求。其主要的设计手法表现在以下两个方面：

第一，用技术回应异域传统文化。在非英国本土的建筑创作上，罗杰斯用心地吸收当地传统文化标志性因子来丰富他的技术语言，并用这种带有本地文化基因的技术来实现建筑与所在城市的肌理呼应。例如，在位于法国巴黎的蓬皮杜艺术中心的设计中，罗杰斯所赋予它的建筑形象是那么的特别，那么的独树一帜，似乎与周围布满老建筑的街区的格调格格不入。就连英国的《建筑评论》杂志都这样评价它说：“它像一个穿了全副盔甲的人，站在满是老百姓的房间里”。[8] 但是，当我们深入一步对它进行解读时，就会发现这个建筑是与巴黎的城市肌理紧密契合的。

在世界各国，每一个特征鲜明的城市几乎都有属于自己的“母体”空间。法国巴黎的城市“母体”空间就是一种由建筑半围合而成的社区空间。这个社区空间有点类似我们中国传统建筑的庭院（图 3–38）。

图 3–38
巴黎的母体空间

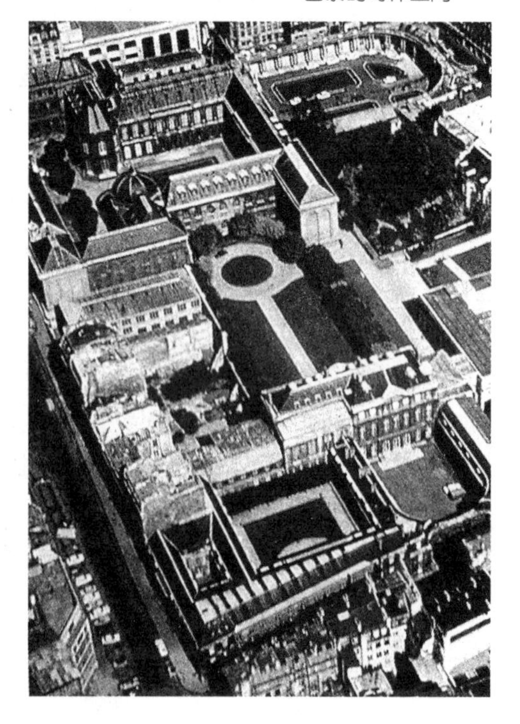

社区空间的中间通常都是由树木、草地、座椅等要素组成。人们在这里可以晒太阳、游玩、谈天，轻松地享受着浓郁的生活气息和审美意境。这种社区空间构成了巴黎这个城市最基本的“母体”细胞。而城市中其他的各类空间，无论是公共建筑还是居住空间几乎都是此类细胞的复制或其变形。罗杰斯在蓬皮杜文化艺术中心的设计中，正是吸取了这种空间模式，并借助于现代技术将之淋漓尽致地演绎出来。他将用地的一半都当作市民广场，形成了一个类似传统社区空间细胞的空间模式，为这一建筑烙上了鲜明的巴黎城市空间特征，并在建筑体量上与周围社区空间内的建筑保持尺度上的一致（图 3–39、图 3–40）。罗杰斯的这一设计手法，不仅使这个建筑具有文化本源上的凝聚力，紧密地将建筑与城市生活联系在一起。更塑造了具有当地文化特色的空间形式，拉近了新时代建筑与地域传统的距离，使之成为其中的一员，而不是一个陌生人，从而有力地维护了巴黎城市的美丽风貌。

第二，用技术萃取异域传统文化。建筑总是坐落在一个特定环境当中，就如同树木要深深扎根于地下的土壤之中一样。因而，建筑的地域性是它与生俱来的重要属性。关注建筑与地域文化的关系，已经成为当代西方建筑美学的重要发展方向之一。罗杰斯坚持

图 3–39（左下）
巴黎蓬皮杜艺术中心基地今昔对比

图 3–40（右下）
巴黎蓬皮杜艺术中心鸟瞰图

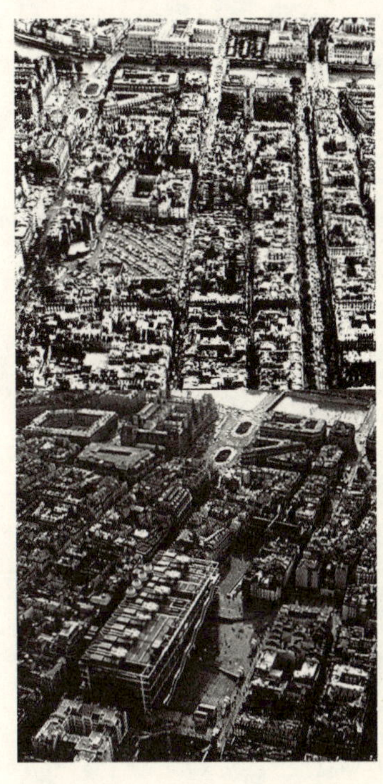

在技术创作中探索自己的发展之路，并取得了非常成功的业绩。他不仅让建筑技术反映当地的历史，创造亲切的环境，还以敏锐的观察力提取当地的文化特征，用技术的形式表达出来，唤起人们心中的审美愉悦之情。罗杰斯设计的法国波尔多法院就是一个用技术发掘地域文化特征的实例。该建筑位于法国的波尔多市。波尔多是一个以酿造优质红葡萄酒而闻名遐迩的古老城市。葡萄酒产业为这个城市创造了巨大的知名度与经济效益，市民均将此作为骄傲和自豪的资本。罗杰斯抓住了这一地域文化特征，但又不是机械地去模仿一些具体的现实符号，而是将传统符号加以提炼加工，完美地运用到他的建筑创作之中。在这个建筑里，他把七个独立审判厅塑造成介乎于酒瓶与酿酒桶之间的一个特殊形态，用当地盛产的橡木，即酿酒桶的材质，作为建筑的面材（图 3–41 ~图 3–44）。这

图 3–41
波尔多法院概念草图

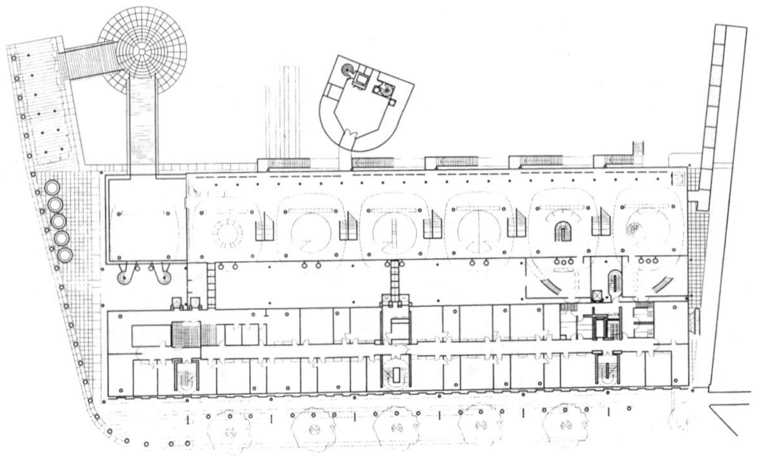

图 3–42
波尔多法院平面图

图 3-43
波尔多法院与老建筑关系

图 3-44
生动有趣的波尔多法院形象

样提炼出来的建筑形象，具有波尔多这个地区独特的酒文化符号特征，波尔多人对此是那么的熟悉和喜爱。从而，自然而然地激起了他们心中那近似于眷恋的审美情绪——一种建立在自豪、自信情感之上的深刻的审美情绪。罗杰斯对于技术的这般运用，不仅将城市鲜明的特色和深厚的文化底蕴恰到好处地表现了出来，同时还赋予人们一种温馨的"家"的感觉，一种洋溢着温暖祥和的审美感受。

可以这样说，罗杰斯的这种让技术提炼地域"方言"的设计手法，使建筑技术真正、全面地具备了可持续性的发展特征。这是因为可持续性的建筑技术不仅应当是尊重自然生态的，也应当是尊重社会文化生态的。保护社会文化生态已经成为当代世界各国建筑创作乃至社会文化共同关注并亟待解决的问题。正如新华社记者王军和冯瑛冰在《谁来保护文化生态——历史文化名城保护忧思录》中指出："匆匆于现代化进程的人们，在付出了惨重的代价后终于明白了保护自然生态的重要，开始还林还绿。可是，相当多的人特别是决策者对保护良好的文化生态依然没有足够的重视，正在做一边建设一边破坏的蠢事。须知，自然绿色是人类生存的基础，而文化的绿色是民族精神延续的基因。自然环境破坏了可以弥补，而历史文化生态一旦破坏即无从恢复。"[9] 对社会文化生态的保护，不仅包括尊重当地居民的生活习惯和历史发展的延续，尊重他们的民族传统和地域文化，还要求尊重和理解他们的各种习惯和需要，尊重他们在历史的发展进程中所形成的审美习惯。

罗杰斯的建筑创作理念令他建筑中的技术选择达到了这样的目标。他对地方特色的提炼并不停留在物质层面，还向精神层面深度挖掘。他在理解地方传统的基础上，以前瞻性的姿态将地区传统中最具活力的部分提炼出来，用技术手法梳理地方风格、挖掘地域特色，创造了深深植根于当地传统、反映地方特色的建筑。这对于保护具有浓郁地方特色的典型社会环境和历史文化传统，保持地方文化延续性，尊重市民审美文化习惯起到了积极的作用。同时也有效地将一个连续的传统引向未来，真正地实现了可持续性技术所应具有的美学内涵，让技术真正地从文化角度上成为审美的技术。

二、时代文化的阐释

罗杰斯是一个能够准确把握时代脉动的建筑师。他不仅能够对时下先进的技术准确地掌握并科学地推进，还能在建筑创作中，尤其是建筑技术的运用中精准、到位地阐释当今的时代文化，尤其是当代的美学新内涵。这不仅使他的技术创作带有鲜明的时代特征，也为其作品中的技术审美内涵注入了新鲜、生动的血液，大大丰富了当今西方建筑美学的内容，并有力地推动了它的发展。

1．总体性的颠覆

罗杰斯认为，对于美的创作者来讲，保持个性和独立性是至关重要的。他在技术创作中，力求摆脱宏大叙述的影响，颠覆总体性、发展差异性，试图开创出一条个性化十分鲜明的建筑创作道路。

罗杰斯的这种反对总体性，强调差异性的美学思想，鲜明准确地反映了当代西方社会的文化脉络，特别是当代西方建筑美学领域文化纷繁复杂的现象。自上个世纪初，西方社会的思想文化状态正如象征主义诗人威廉·勃特勒·叶芝评析的那样："一切都四散了，再也保不住中心，世界上到处弥漫着一片混乱。"[10]而随着后现代主义理论家利奥塔的一声"向统一的整体开战"的呐喊，当代建筑审美文化也随之拉开了打击和颠覆总体性审美的帷幕。现代主义建筑的几何霸权和纯净主义美学受到文丘里等人的挑战，轰轰烈烈的反现代主义运动在建筑领域蓬勃发展。现代主义的大一统格局很快就被打破，总体性受到重挫。此后，建筑界的各种新的建筑美学观念，无不把抵抗总体性、追求差异性作为预防和驱逐美学专制的旗帜。建筑界呈现出无中心的、消解总体性的、风格各异的纷杂局面。

罗杰斯作为一位倡导个性化创作的先锋派建筑师，在建筑实践中用技术的方式强化了这种驱逐总体性的建筑审美文化倾向。其具体体现就是他对个体差异性的追求：

首先，他摒弃了现代主义从内到外的设计手法；摒弃了现代主义以功能作为单一表现内容的艺术教条；摒弃了现代建筑表现力空洞与缺乏的特征。发展了以结构形式、建筑设备、动态流程、材料的质感、光影塑造等元素为表现内容的新技术美学手法，用实际创作向曾经的总体性经典实行颠覆。

其次，罗杰斯对现代主义霸权所采用的颠覆手法，表现出了与后现代主义、解构主义建筑师所不同的个性特征。

就技术观念来讲，后现代主义建筑师更倾向于哲学上的人本主义，体现为一种"技术悲观主义"。他们特别地注重历史与文化，而技术多半只是实现他们"目的"的一种手段而已。解构主义建筑师同样也将技术作为一种手段，借助技术的力量来实现他们塑造不规则建筑形体的需要。而罗杰斯的建筑则带有"技术乐观主义"的特征。在建筑设计中，他极力歌颂当代的技术成就，将技术作为建筑作品表现的“目标”和主题。用极端逻辑化的模式与后现代主义、解构主义的主观随意性相区别，用“超理性”与它们的“非理性”相抗衡。在技术运用上，他采用了“极端化”的技术处理方式，这也成为他建筑中技术形象的典型特征。他将现代主义单调的技术手法推向极端，使之产生清新完美的艺术感受。他力求用最尖端的技术，去塑造新颖的建筑形象。即使应用常规材料，也常借用表现手段的“误用”，或用夸张比例尺度的手法，去创造异乎寻常的极端化形象。如管道设备的充分暴露、五彩缤纷的色彩构成、超出常规的巨型尺度等等。由此可见，罗杰斯无论在技术观念上还是运用手法上都与同一时代的建筑流派带有一定的差异，比较成功地彰显了自我的个性。

第三，罗杰斯与英国其他几位擅长表现技术审美的建筑师相比较，其技术运用手法也具有自我的特性。他的技术手法较之诺曼·福斯特更为浪漫，营造手段较之尼古拉斯·格雷姆肖更为智巧，他塑造的技术形态较之迈克尔·霍普金斯更具有艺术性。英国著名的建筑史学家及评论家雷纳·班纳姆在比较福斯特与罗杰斯的不同时说：“诺曼·福斯特将商业建筑师的想像付诸于实现，而罗杰斯则更像是艺术型的建筑师。”[11]（图 3–45、图 3–46）罗杰斯的技术处理更偏重于对当代艺术成就的借鉴，表现得更为艺术化。他在建筑技术形态上更注重秩序、层次及生命器官的有机象征性，更注重技术的艺术形态表现。这些与众不同的艺术手法使他的建筑作品具有了脱离总体性的个性化力量。

图 3–45（左）
诺曼·福斯特设计的办公建筑

图 3–46（右）
罗杰斯设计的办公建筑

总之，罗杰斯是一个极为重视发展艺术个性和独立性的建筑师。对于建筑的审美表达，罗杰斯首先想到的是如何把自己的作品从总体性中解救出来，如何充分发展差异性和异质性。在他看来，艺术个体不应该受宏大叙述的影响，而应该听从自我的纯粹创造使命的指引，走个性化道路。应该建立一种以非总体性、非中心性的思维方式来审视、规范自我创造的思维。只有这样，建筑师才能彻底地摆脱传统的同一性和总体性的束缚，在技术审美领域开创出更加符合时代发展的、个性化十足的建筑技术创作之路。

2. 理性与非理性交织

罗杰斯建筑作品的性格特征是耐人寻味的。它们既理智缜密，又浪漫悖谬。甚至在同一个建筑上，理性因素与非理性因素都会互相交织在一起，形成新鲜生动的视觉冲击。

这一特征在伦敦第四频道电视台总部、伍德大街 88 号等作品中体现得最为突出。

伦敦第四频道电视台总部是一个典雅的办公建筑。在这个建筑中，大到建筑的形体风貌，小至设备装置都流露出理性、严谨的性格特征。甚至连建筑转角板材的交接处理、建筑饰面铝板的纹理都精细严整，处处体现着当代建筑技术工艺的卓越成就（图 3−47 ~图 3−52）。

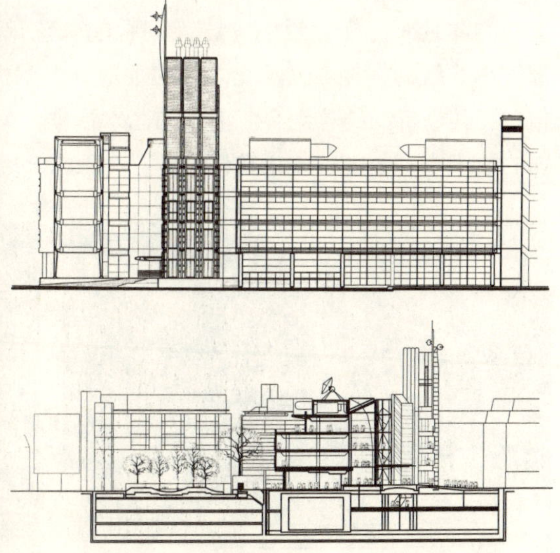

图 3–47（左）
伦敦第四频道电视台总部的总体形象

图 3–48（右上）
伦敦第四频道电视台总部立面图

图 3–49（右下）
伦敦第四频道电视台总部剖面图

图 3-50（左上）
精细严整的建筑转角细部

图 3-51（中上）
缜密的材质纹理

图 3-52（右上）
栏杆精准的工艺

然而，就在这个以理性风格为主导的建筑当中，罗杰斯却在建筑入口处出其不意地运用了艺术化的手法，为建筑的入口设计了一个具有精巧、奇特的艺术形象的雨篷。这是一个连罗杰斯自己都津津乐道的新奇创作，被业界人士形象地称为“牛舌头”（图 3-53、图 3-54）。它位于建筑的主入口处，下面对应着地下层的小型活动空间。罗杰斯为了强调主入口的位置，也为了使人们关注地下的公共空间，更是为了给入口广场增添一些活跃的气氛，聚集人气，他将雨篷做成一个长椭圆形，并向广场延伸。雨篷的材质是由玻璃制成的，晶莹剔透、轻盈精巧，充满着活力。而雨篷的结构则是由几根纤细的钢杆件作为主要受力材料，悬挂于主体之上。雨篷和拉杆之间的体量对比十分鲜明，让人们看起来感觉非常惊险，会觉得那细小的结构杆件难以承受雨篷的重量。这个雨篷虽然形体并不大，但却因其奇特的结构组合、俏皮的艺术形象，为建筑入口增添了鲜明的技术审美效能，成为这幢建筑艺术形象的点睛之笔。

图 3-53（左下）
建筑入口雨篷（一）

图 3-54（右下）
建筑入口雨篷（二）

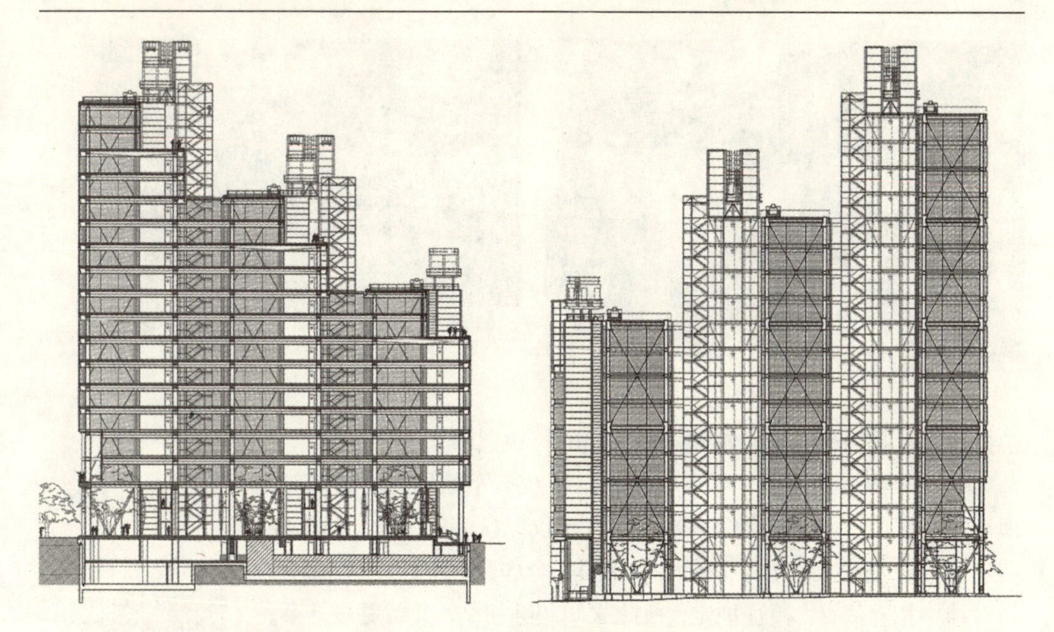

图 3-55（左上）
伦敦伍德大街 88 号办公楼立面图（一）

图 3-56（右上）
伦敦伍德大街 88 号办公楼立面图（二）

在伦敦的伍德大街 88 号这一办公建筑中，罗杰斯在建筑结构的处理上采取理性的技术操作方式，运用那些能够体现当代科技成就的新结构、新材料，并力求使它们自身缜密严谨的技术美感自然地流露出来（图 3-55 ~图 3-57)。然而，在理性的大框架下，罗杰斯却采用了一种超出常规的艺术化的手法来处理细部问题。他将建筑通风设备的排气口进行了艺术处理，使其如雕塑作品一般，一簇簇地出现在建筑入口附近（图 3-58、图 3-59)。这些新颖独特的设备形象体现了罗杰斯浪漫的、非理性的营造技巧和审美理念。罗杰斯也正是通过这样的技艺手法，来强调理性中的非理性要素，让颠倒、悖谬等非理性的思想内容在理性的框架中突显。既是理性的又是剥夺理性的，这就是罗杰斯作品中的美

图 3-57
伦敦伍德大街 88 号办公楼缜密的技术体系

图 3-58（左）
伦敦伍德大街 88 号办公楼艺术化的排风口

图 3-59（右）
伦敦伍德大街 88 号办公楼夸张的外露结构

学悖论，也是当代西方建筑美学中突出的悖论之一。

在当代西方建筑美学中，理性思维一统天下的局面已被打破，理性与非理性这一对背向的思维模式，不仅以抗衡的力量同时出现在建筑创作领域，甚至还同时出现在同一个作品之中。它们在比较和对抗中相互依存、相互规定，彼此之间纠缠扭结，关系更显复杂。当代许多建筑师受到这种大文化背景影响，于有意与无意之间选择了这种不确定性的美学表达方式，罗杰斯接受了这种思想，并且坚持依靠技术手法来将其演绎成一座座真实的建筑作品。

从美学思维上来讲，罗杰斯之所以拥抱非理性来冲击作为现代主义核心的理性思维，其根本动机源于他所接受的“打破秩序和惯性”的这一当代文化理念。这是一种挑战平庸，建构充满自由精神、富有个性色彩、体现新时代特征的美学探索。正如汤姆・罗宾斯对审美与食欲所作的类比：“发生在大脑中的审美往往和发生在口腔中的‘审味’一样，对老一套的东西，特别是对铺天盖地汹涌而来的老一套东西，总是充满着难以掩饰、难以遏止的厌倦。正像我们总是对那些过多地重复出现的事物产生一种餍足感一样，审美主体也会对过多的、过强的理性表现出难以忍受的餍足感，并且会设法驱逐这种餍足感。非理性的思维正是解除这种餍足感的一剂良药。”[12] 由此我们知道，罗杰斯作品中的非理性与理性的交织是迎合时代文化、迎合当代人审美口味的，是用技术手段对建筑审美所作的适时调整。

理性与非理性并存已经成为当今建筑界普遍的美学现象，其根源是当今时代的纷繁复杂的文化背景。当代西方建筑所处的时代，是一个充满了各种错综复杂的矛盾的时代，是一个张扬多元性的宽容时代。正是这种复杂和宽容，使非理性和理性得以同台竞技，共同卷进了一种悖谬的境遇之中。无论是在当代西方建筑领域，还是在整个西方文化领域，理性的太阳独照世界的时代已是一去不复返了。理性与非理性彼此制约，相辅相成。正如福柯所说："它们（理性与非理性）是相互依存的，存在于交流之中。"[13] 罗杰斯用其独特的技术表达方式，附和着这一时代审美文化的发展趋势。

3．技术的共生文化

"在当代人类世界有两种相关的危机：第一种也是最直观的危机是污染／环境的危机；第二种更微妙，也同样是致命的，这就是人自身的危机——他同自己的联系，他的外延，他的制度和他的观念，他同所有包围他的那一切关系的危机，还有他和居住在地球上的各个群体之间的关系的危机。"[14] 对于人类世界的危机，建筑师纷纷在建筑创作的范畴内寻求解决的办法。罗杰斯则是利用技术的手段对此做出了科学的回应，主要表现为他对技术与环境共生的追求，即技术与自然环境的共生、技术与人文环境的共生。

其一是技术与自然环境共生。工业文明对人与自然和谐关系的破坏，一直是人类关注的一个重要问题。现代社会以来，化学工业的发展、汽车数量的激增、战争的破坏、人口的爆炸式发展与城市建设和开发的无序扩展等因素，使森林、江河湖海、大气，甚至农作物等人类赖以生存的自然要素遭到了不同程度的污染和破坏。人与自然的关系开始变得紧张起来。如何恢复人与自然之间正常而和谐的关系；如何在人与自然生物及其环境之间建立一种平衡；如何为子孙后代留下一个不受污染的绿色生存空间。这些问题以前所未有的严峻程度摆在当代人们的面前。

受到当代全球性绿色行动的影响，也受到修复极度恶化环境的使命感召，当代西方建筑师开始把人与自然共生的生态意识当成一种普遍的设计准则。生态意识渐渐成为西方建筑师普遍的、自觉的意识。

作为具有强烈社会责任感的建筑师，罗杰斯也真正意识到了自然环境的严峻问题。自上个世纪末就开始探寻城市与建筑的保护生态策略，并疾呼重视建筑的可持续性发展，以节约建筑耗能、维护生态环境。在建筑创作中，他一直将"可持续"的观念作为他的核心理念，不断探索技术的持续性运用。他认为，可持续性的实现方式一旦被建筑师采用，将会使建筑更加美丽更加人性化。他说:“（我正在）寻找可持续发展和防止污染的技术。建筑应该激发，并且构成满足社会需求和尊重自然的城市。我们当今对可持续发展建筑的需求提供了重振雄风和形成新的美学秩序的机遇——它可能成为建筑学专业复兴的原动力。”[15] 由此可看出，罗杰斯已经将生态的、可持续的技术思维当作建筑创作的核心理念。

可以说，罗杰斯的每一个作品都是他“可持续”理念的具体产物。蓬皮杜艺术中心那拼装的技术杆件，伦敦劳埃德大厦等建筑中弹性的结构，法国波尔多法院中各类型的被动式技术等等，都是为了实现建筑可持续性而产生的技术形态。而近期的建筑作品中，罗杰斯更是将“生态”内涵作为“可持续”理念的核心内容加以重视。

例如，日本岐阜的VR科技广场（VR Techno Plaza, Japan, Gifu, 1993～1995）就是一个充分考虑当地生态环境的科研类建筑。这个建筑位于岐阜的绿色生态区内。区内均为山地，生长着郁郁葱葱的树木和草本植物（图3-60、图3-61）。为了不破坏这样可贵的生态环境，维护原有的生态地貌，同时也为了降低现代建筑对自然景区风景的干扰度，罗杰斯将建筑体量分散开来，共分四阶层，呈阶梯状排布（图3-62、图3-63）。他还尽量避免对植物造成破坏，在每一阶梯建筑的顶部都植有小植株的树木和青草。从远处向基地望去，建筑就如同镶嵌在山体上一样，与周围的植物浑然一体（图3-64、图3-65）。

此外，罗杰斯还考虑到建筑的具体运作对建筑造成的不良影响。他采取一系列技术的手段，降低建筑的能耗，从而减少建筑

图3-60（左下） 岐阜VR科技广场基地模型图

图3-61（右下） 岐阜VR科技广场鸟瞰图

图 3-62（上）
岐阜 VR 科技广场剖面图

图 3-63（中）
岐阜 VR 科技广场总平面图

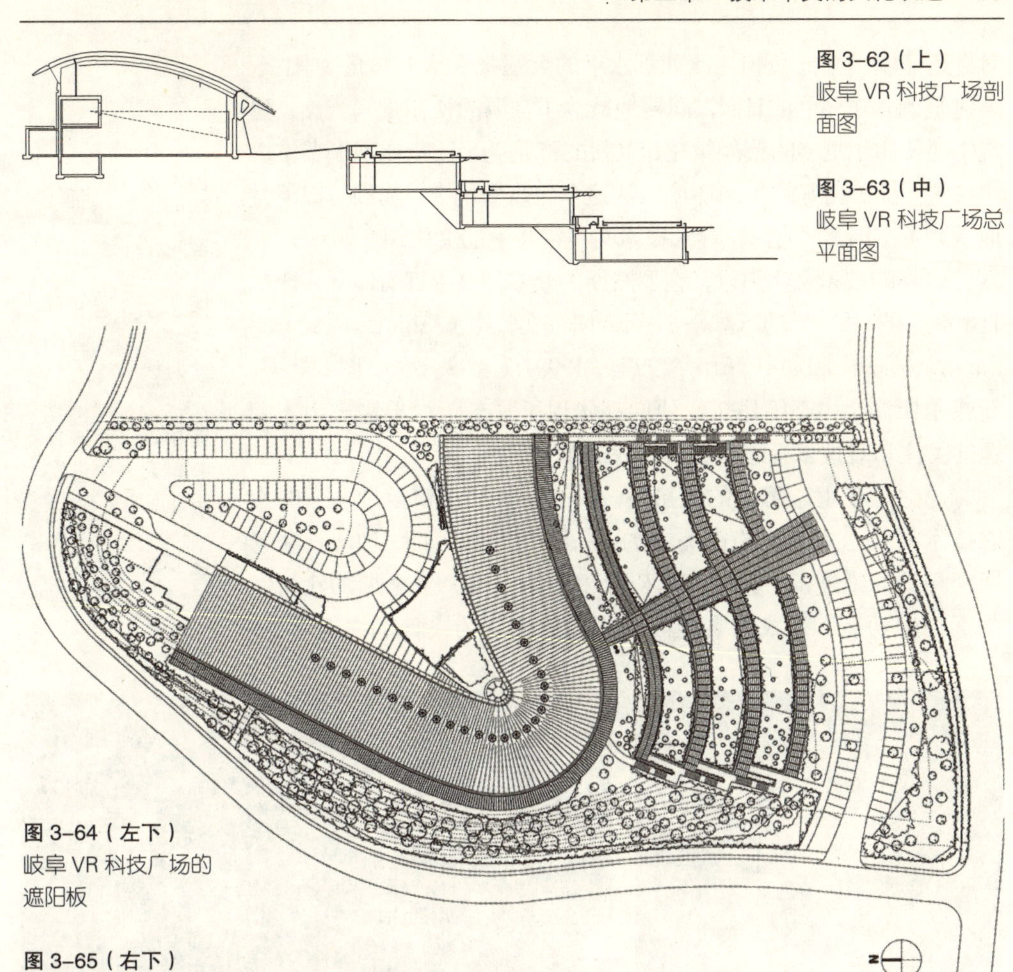

图 3-64（左下）
岐阜 VR 科技广场的遮阳板

图 3-65（右下）
掩映在绿色当中的岐阜 VR 科技广场

对自然环境带来的负担。比如那水平的大屋檐和大尺度的遮阳板，为建筑遮挡了强烈的日照，间接地减少了空调的使用量。当然，建筑中还使用了更多的节能策略，其目的都是为了低能耗地调节室内小气候，维护良好的生态环境。从这个建筑实例中，我们可以清楚地看到罗杰斯尊重自然，寻求技术与自然共生的文化理念。

这样的技术文化追求，在罗杰斯的众多作品中都有体现，比如日本岐阜的另一个试验建筑——天野研究实验室（Amano Research Laboratories，Japan，Gifu，1997 ~ 1999）（图 3–66 ~ 图 3–69）、新威尔斯议会中心等建筑。他们都体现了罗杰斯对于建筑生态问题的关注和对技术生态审美的孜孜追求。

总之，在生态思维的统摄下，罗杰斯大胆而审慎地运用的生态技术模式，为建筑的审美增加了一种新的维度：一种与真和善紧密相关的维度，一种与人类智慧相关的维度。罗杰斯的建筑作品不再把功能和形式或者空间和视觉的美作为设计的终极参量，

图 3–66（左上）
岐阜天野研究实验室建筑入口

图 3–67（右上）
远望岐阜天野研究实验室

图 3–68（左下）
岐阜天野研究实验室外观（一）

图 3–69（右下）
岐阜天野研究实验室外观（二）

而是将技术与自然的关系，技术与建筑可持续发展的关系以及技术与人类未来的关系联系在一起，共同作为技术审美或建筑审美的深刻内涵。可以说，追求技术与自然环境共生的思维，是一种超本位、超时代、超种族的共生文化思维，也是一种健全的生态美学思维。

其二是技术与人文环境共生。从某种意义上说，技术与生态共生的思维模式是罗杰斯对当代生态危机所作的反应。而技术与人文环境共生的思维模式则是罗杰斯对当代西方文化变异作出的应答。

当代西方建筑的审美文化与既往的建筑审美文化相比发生了很大的改变。今天建筑的审美文化在社会文化急速发展和多元化趋向的大环境中，已经越来越趋向于圆钝、平和。建筑逐渐从高高在上的艺术圣坛走了下来，与人们处于一种平等的对话关系之中。

罗杰斯对技术创作的探索非常鲜明地表达着顺应这种社会文化发展的特征。他摒弃把形式美放到首要位置上的传统做法，而是用技术手段让人们更为真实地体验建筑，并且让人对建筑的体验不拘泥于形式之维，而是更侧重体验的本身。他近年来所设计的建筑作品，几乎每一个实例都将建筑的公共空间放到了主导整体设计的重要位置上。入口广场、中庭、休闲空间等供公众交流的部分，成为罗杰斯建筑作品中永恒的活力要素，它们不仅满足了人们休息与交流的需要，还吸引人们停驻、逗留，以更平静的心态体会建筑给自己带来的身心愉悦。同时罗杰斯也十分重视绿色植物在室内空间的运用。这些充满生机的植物不仅装点了建筑的内部环境，还调解了建筑内部的小气候，丰富了人们的触觉、视觉、听觉等多方面的知觉感受。

比如我们前文提到的戴姆勒－克莱斯勒办公楼的中庭空间就是一个典型的例子。中庭空间中充满了宜人的要素：植物、座椅、柔和的阳光，一切都让人感到静谧和舒适。更重要的是，这些元素吸引人们走近建筑、亲近建筑。人和建筑之间没有了那种陌生感和距离感。人们可以用更平和的心态与建筑进行多感官的交流，从而全方位地体会建筑之美。

比利时的安特卫普法院更是鲜明地体现了罗杰斯这一文化理念。他重视建筑与人的平等对话，让人们可以更轻松地体验建筑（图 3-70 ～图 3-72）。这个建筑是由多个翼楼组成的，中间有一

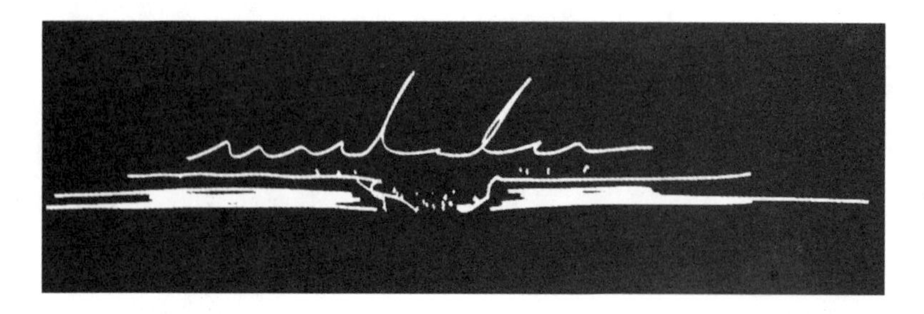

图 3-70
安特卫普法院概念草图

图 3-71
安特卫普法院建筑形象（一）

图 3-72
安特卫普法院建筑形象（二）

个宽敞的中厅，连接着各个翼搂的端部。罗杰斯有意地将这个中厅设计得通透、开敞，摆脱了以往建筑中厅那种封闭的、只对内部员工使用的状态（图 3–73 ~图 3–75）。安特卫普法院已经不是平日里那种冷冰冰的、拒人于千里之外的法院建筑，而是将中厅空间向市民开放的城市公共广场。人们都可以进到建筑中来。他们自由地交谈、休憩，惬意地体会着这个现代的法院建筑。

总之，罗杰斯的建筑不是拒人于千里之外的封闭堡垒，而是渴望与人交流的、极具亲和力的场所。它吸引人们接近，并鼓励人们参与其中，鼓励人们工作之余在建筑内休憩、逗留，对建筑进行

图 3–73
安特卫普法院宽敞的中厅（一）

图 3–74
安特卫普法院宽敞的中厅（二）

图 3–75
安特卫普法院中厅的天窗结构

随时而美好的体验。人们在随时可能的建筑体验中，自然会获得惊喜、获得一份审美的收获。罗杰斯通过技术创作让人与建筑的关系趋于平和，这不仅是当代西方文化对特殊话语权消解的表现，也是技术与人文环境谋求共生的具体表现。

文化的共生已经成为当代西方文化，尤其是当代西方美学的重要特征。罗杰斯在建筑创作中，通过对不同的技术手段的探索与运用，在他的建筑作品中恰当鲜明地表现了这一内容。这不仅深化了他作品中的技术审美的意义，也从技术的角度丰富了这一时代文化的内涵。

三、城市文化的提升

城市文化是一个城市历史的深厚积淀。它融汇在市民日常的生活片断当中。它也隐藏于城市的一个街区、一座建筑、一个小品、一座雕塑之中。它决定着这座城市的品味与格调。它更反映着这座城市的文明类型与水准。一座城市特色鲜明的城市文化，会对这座城市的发展建设、市民的行为模式起着无形而又十分关键的作用。可以说，城市文化就是一个城市的灵魂，一个美丽的、迷人的城市不可或缺的灵魂。

罗杰斯在他的建筑创作中非常关注一个城市的文化特色，

并经常会尝试运用技术的力量来展示和提升这座城市的优秀文化，将之与建筑创作相融合，成为他所创造的建筑作品中独特的视觉因子。他试图通过大胆、合理的技术创作手段塑造个性化的城市景观；他也试图通过柔和、人性化的技术创作手段为市民营造美好的生活场景；他还试图通过先进的、现代化的技术措施激发衰落的城市区片的活力。总之，他用技术为人们谋求了美好的城市生活片断，延承了一个充满魅力的现代城市的文化脉络，从而满足了人们日益增长着的、对于城市生存空间质量的本真需求。

1．驱遣均质

这里的“驱遣均质”指的是罗杰斯通过独特的技术手段来塑造个性化的建筑形象，从而突破了均质化的城区面貌，强化了城市景观的可识别性。

罗杰斯认为，一座卓越的建筑绝不是被淹没在茫茫的建筑群体当中的无语者，而应该在城市中扮演着生动的角色。它应当在与城市整体风格协调的基础上，突出自我的“特性”，打破无特征的均质空间，提升所在街区乃至城区的文化活力，将它特有的感染力在城市区域中得以扩散。这也就是罗杰斯提倡建筑所应具有的“颗粒效应”。

罗杰斯在一些大型的公共建筑中，较为大胆地将这一想法付诸于实践。巴黎的蓬皮杜艺术中心是一个广受普通市民和专业人士称道的建筑作品。它的成功不仅仅在于新奇的外部形象，更是因为它促使所在区域摆脱了沉闷氛围，带动了整个街区的公共活动，使周边环境的气氛变得更加活跃了（图 3–76、图 3–77）。就如同当代著名建筑师扎哈 · 哈迪德所说的那样，蓬皮杜艺术中心引发了一种新现象：“一座建筑可以通过自身的组织结构的开放而使附近邻里一起改变，建筑师能够通过给场所创造一种新感觉的性格来激活城市自身。”[16]（图 3–78）

伦敦的劳埃德大厦是一个具有“颗粒效应”建筑作品。该建筑位于伦敦市区内历史建筑较为集中的老城区内，其中的建筑多为 20 世纪早期或中期的作品。它们气氛平淡、体量均质、颜色灰暗。劳埃德大厦的建成无疑打破了这种均质化的街区面貌。它以强烈刺

图 3–76（左上）
巴黎蓬皮杜艺术中心与临近建筑（一）

图 3–77（右上）
巴黎蓬皮杜艺术中心与临近建筑（二）

图 3–78（下）
巴黎蓬皮杜艺术中心周围活跃气氛

激的形象与周围暗淡、沉闷的环境形成对比，以其风格化的形式出现在城市的传统群体序列当中。它似乎是在进行着一种特殊的即兴表演，努力地腾空内部以使自己的“内脏”彻底暴露。在充满着传统氛围的老建筑群中，他以十分现代的设计手法表达着一种真实的历史文化的延续。尽管很是耀眼，但是，历史文化的发展脉络是十分清晰的。而钢化玻璃产生的柔和的漫射光和不锈钢“面具”散发的精密的技术气息，更使它表达出罗杰斯注重技术审美的设计理念（图 3–79、图 3–80）。相对于周围那些谨慎、内敛的建筑来说，劳埃德是一个敢于表达梦想的激进分子。它用技术述说着财富、身份、异想天开、坦白和执拗，它浑身上下散发着自信的光辉和艺术气质，使整个街区都充满了勃勃生机。

此外，劳埃德大厦的“颗粒效应”还存在于它与周围城市环境、道路魔幻般的关系中。它的四个侧面由于不同的曲线形象，使人们感到一种运动的幻觉。人们会觉得自己看到了钢铁在围绕着一根轴线进行着螺旋式运动。而劳埃德大厦与四周的几条道路也构成了一种奇妙的关系，使其“在理德豪（Leadenhall）大街的弯曲处刚好被顺利地看到，以及在天空的狭缝处对抗般地展示了一种意味深长的轮廓”[17]。同样，“从祷告教堂向东望去，越过了考古学不断追寻的公元 1 世纪劳迪尼尤姆（Londinium）[18]，城市中心罗马遗存物的基址，掠过威廷顿（Whittington）[19]，街道的那些细腻的砖砌建筑的拆除物，人们看到复杂、多变的新哥特主义的劳埃德大

图 3–79（左下）
夕阳下的伦敦劳埃德大厦

图 3–80（右下）
伦敦劳埃德大厦的周围环境

厦，它语言表达铿锵、浪漫，堪称最完美的语言”[20]。劳埃德大厦对城市生气的恢复作用受到专业人士的普遍认可。对此库伦大加赞赏地说:“在皇家证券交易所的另一端也应有劳埃德式的暗示。否则，故事是不完整的”。[21] 而事实也证明的确如此，现在伦敦的理德豪街区已经不再是昔日那个陈旧、毫无生气的地方了，它已经成为一个生机勃勃的重要商务区，这与劳埃德大厦这一积极的城市“颗粒”是不无关系的（图 3–81 ~图 3–84）。

图 3–81（左上）
伦敦劳埃德大厦为街区创造的视觉兴奋点（一）

图 3–82（右上）
伦敦劳埃德大厦为街区创造的视觉兴奋点（二）

图 3–83（左下）
伦敦劳埃德大厦与周边建筑关系（一）

图 3–84（右下）
伦敦劳埃德大厦与周边建筑关系（二）

劳埃德大厦让我们看到，罗杰斯运用现代的技术创造了独具特色的建筑，并使传统的均质城市空间向着多样的城市空间转变，有效地拓展了城市的景观层次。而即将建成的理德豪 122 号大楼则让我们读出罗杰斯在突破均质的城市空间的手法上，其技术运用所包含的人文内涵也日臻丰满。这个建筑同样以技术的力量塑造了精妙的、个性化的形象，成为协调该地区空间环境的主导因素和统领因子，是一个卓越的城市标志点（图 3–85）。但同时它对旁边的圣·保罗教堂也做出了周到的考虑。理德豪 122 号大楼的外观是呈锥形的。罗杰斯特意将一至七层处理成一个通透的公共空间，这不仅为路人提供了一个绝好的休憩场所，更重要的是它保证了人们在弗莱特大道——这条重要的游行大道上，可以清楚完整地看到圣·保罗教堂在蓝天白云下的美妙姿态（图 3–86、图 3–87）。这样，这个建筑既保持了自我的个性、提升了城市街区的活力，同时也兼顾了周围的老建筑，并与之和谐共处（图 3–88 ~图 3–90）。

综上所述，我们可以看出罗杰斯对城市的建筑之美是具有独

图 3–85（左）
伦敦理德豪 122 号大楼建筑形象

图 3–86（右上）
伦敦理德豪 122 号大楼通透的底层空间

图 3–87（右下）
伦敦理德豪 122 号大楼底层空间内部

到见解的。他认为城市的界面应该像人一样具有个性，建筑应该具有自我的性格美。与后现代主义那种引进历史、情感因素来驱遣均质城市风貌的手法所不同的是，罗杰斯通过技术的力量来突破均质城市形象的束缚。他利用娴熟的技术手法，通过表皮材料的光影变化、技术构件的戏剧性穿插、高大体量的虚化等设计手段去丰富街区空间层次和景观层次。他将当代建筑的技术形象插入到英国古老的城市之中，营造了超越历史的文化场景，使城市风貌既熟悉又陌生，从空间操作上解构了城市的时间性。

罗杰斯为我们展示了一个打破均质城市面貌的有效手法，同时也为我们提供了一个营造多层次的、具备审美价值的城市景观的有益借鉴。正如罗索所说："参差多态是生活的本源"。[22] 我们所指的历史传承并不意味着城市景观原封不动地代代相传，毫不走样地"复制"。而恰恰是应该随着时代的发展，根据人们审美需求的更新而不断地作出调整。罗杰斯通过驱遣均质的技术创作方式，为城市提供了多样化、个性化的文化景观，满足了当代社会人们对于多样化审美需求的欲望同时，这种新的界面既不单纯地强调对比，也不消极地向现存环境妥协。从现存的环境中汲取创造灵感，通过对比取得新老界面的协调，成功地赋予城市景观可识别性，推动了

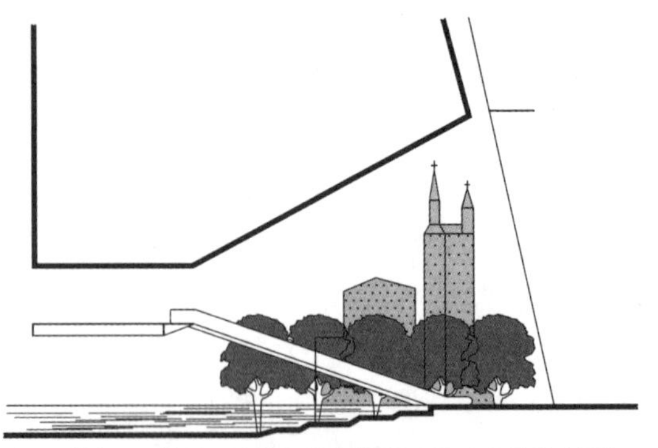

地下层的处理，使圣·安德鲁教堂的形象更加完全清晰地呈现

图 3–88
伦敦理德豪 122 号大楼与教堂关系分析图（一）

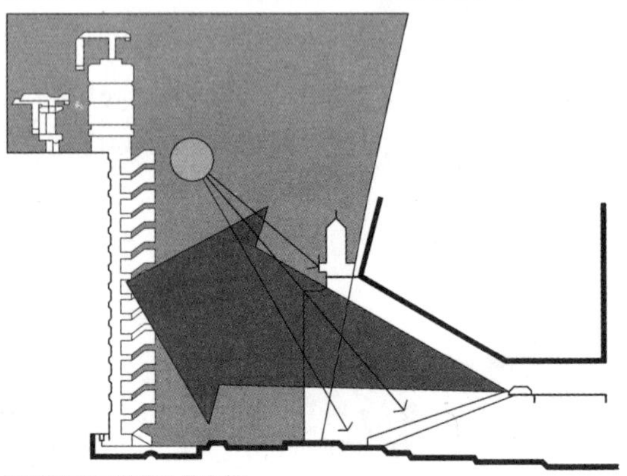

带有充足日光的公共空间

图 3–89
伦敦理德豪 122 号大楼与教堂关系分析图（二）

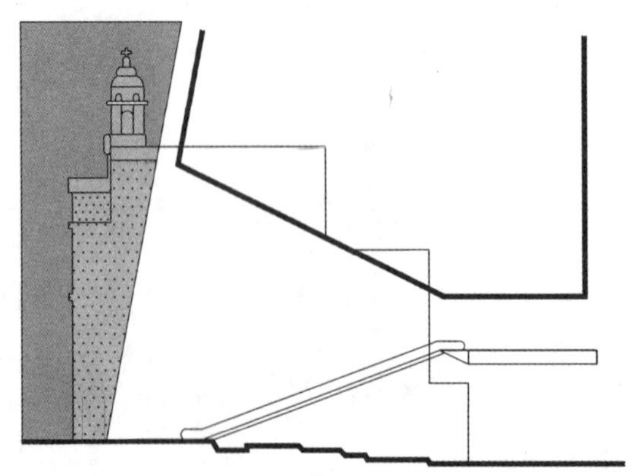

建筑轮廓的特殊体现了它对理德豪大街 144 号的尊重

图 3–90
伦敦理德豪 122 号大楼与教堂关系分析图（三）

城市文化的演进，也巧妙地以技术的方式实现了新建筑与城市历史的对话。

2．激发活力

杰克森（J.B.Jackson）在《风景》一书中写道："城市之美存在于搏动的街道、广场的生活美之中。"[23] 的确，一个优秀的城市空间不仅在于其良好的物质景观，还在于城市内部各种生机勃勃的、活动的人文景观。城市空间之美的深层内涵就在于场所环境与社会行为的完美互动。罗杰斯深谙这一道理，通过技术的力量让城市空间充满活力。

罗杰斯认为，城市是要以人为中心的。美的城市空间不能只是一幅静态的山水画，更应该是动态都市生活的容器和舞台。一幢优秀的建筑应当能够承担这个"舞台"的角色，来激发城市空间的活力。他说："我认为作为一个建筑师最重要的责任就是创造出更好的公共空间，使人们愿意来到这里，而现在的城市却越来越缺乏生趣，就像巴黎。这样我们就需要建造更多吸引人的公共空间，把更多的人——无论是生活在这里的人还是游客——聚集到这里一起交流、沟通。我们要利用建筑吸引人、聚集人，使我们的城市获取更多的活力，更加跟紧世界的潮流。就像16世纪那些伟大的城市一样，人们在各种公共场所聚集、交流，畅所欲言。"[24]

巴黎的蓬皮杜艺术中心就是在这种思想主导下设计的一件优秀作品。该建筑以其大胆创新的建筑技术形象闻名于世。其实，它的环境设计在现代技术的介入下也同样做得十分精彩。罗杰斯通过现代先进的技术成果和理念，将建筑集中布置在基地的一侧，以最少的占地面积争取到了最大的建筑使用空间。从而能够尽可能多地将总建筑用地的一半都留作了公共用地（图3-91～图3-93）。这一设计手段也是该作品区别于其他竞标作品最显著的特征之一。在这个巨大的公共广场中，洋溢着轻松、活跃的气氛，使这个建筑能够吸引更多的游人和路人。在这里，人们可以随心地休息、交流、表演、嬉戏、观看杂耍，逐渐地放慢生活的脚步，尽情享受美好时光。建筑完成了激发这一城区的活力，创造搏动的街道与广场的生活之美的任务（图3-94～图3-96）。

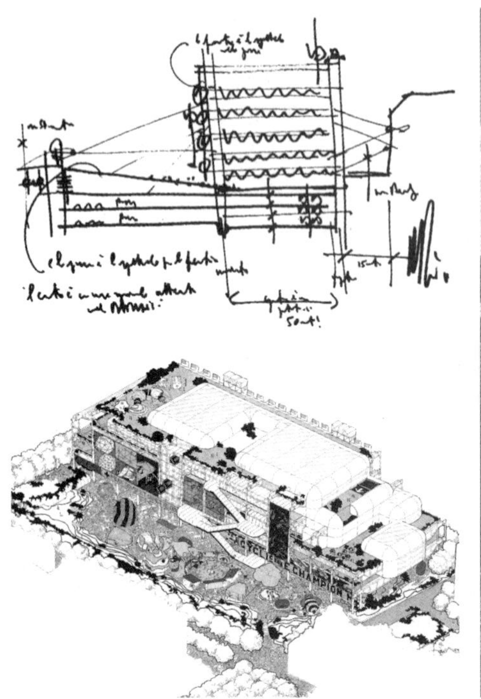

图 3–91（左上）
巴黎蓬皮杜艺术中心概念草图

图 3–92（左下）
巴黎蓬皮杜艺术中心用地分析图

图 3–93（右）
巴黎蓬皮杜艺术中心前的城市广场

同时，建筑的地面层由钢柱与钢桁架共同营造了一个开敞的大空间。它几乎完全与广场连通，与广场形成了一个不可分割的整体。广场自由欢快的气氛自然地流入建筑内部，建筑内部那前卫浪漫的艺术气息也自然地引向广场（图 3–97、图 3–98）。而建筑各层空间都是由现代技术结构塑造的灵活、舒展、无遮挡的空间，这使建筑与外部广场具有同样的空间特质。它们共同营造了这无拘无束、浪漫自由的城市聚会场所。

现在，蓬皮杜艺术中心每年都有上百万的游客来这里参观，是巴黎其他两大旅游景点人数总和的二倍。这是在技术力量的统摄下，建筑与公共广场共同起作用的结果，它们促进了巴黎旧城区的复兴。在这里，建筑物不再是居于主导地位的统治者，而是谦逊地让步于城市空间。这种建筑与广场协调共处的方式，鼓励了人们聚会和交往，吸引了过路人群的介入，激发了人们潜在的自然人性，使城市充满勃勃生气。技术充实了建筑的审美内涵，丰富了城市的动态生活，激发了城市潜在的活力，而技术本身的审美内容也获得了前所未有的精彩。

图 3–94
巴黎蓬皮杜艺术中心广场上欢快的气氛（一）

图 3–95
巴黎蓬皮杜艺术中心广场上欢快的气氛（二）

图 3–96
巴黎蓬皮杜艺术中心广场上欢快的气氛（三）

图 3–97（左）
通透开敞的室内空间

图 3–98（右）
充满前卫、艺术气息的室内空间

在 2004 年完成的滨水办公楼这一建筑中，罗杰斯同样利用该手法为市民提供了一个美好的城市公共空间。这个建筑基地是一个矩形空间，一侧是城市运河。为了使市民能够与运河亲近，罗杰斯将基地平面的两个角空出来，用作城市广场，供过往行人休息、小聚、晒太阳（图 3–99 ~图 3–101）。同时，他还利用现代技术，将建筑的底层局部架空。这样处理不仅将广场引入到建筑中来，还增加了广场的空间层次，为广场的使用者提供了一个挡风避雨的半封闭空间。如今，这个建筑已经正式投入使用，它两侧的城市广场更是吸引了许多市民来这里小憩。这个滨水办公楼令其所在区域的活力焕发，成为伦敦城市中心区的又一个充满人气的场所（图 3–102、图 3–103）。

罗杰斯用技术打造生动的公共场所环境，为城市生活提供了一个表演的舞台。在这里人们打破原有的孤立、隔阂、猜忌的状态，

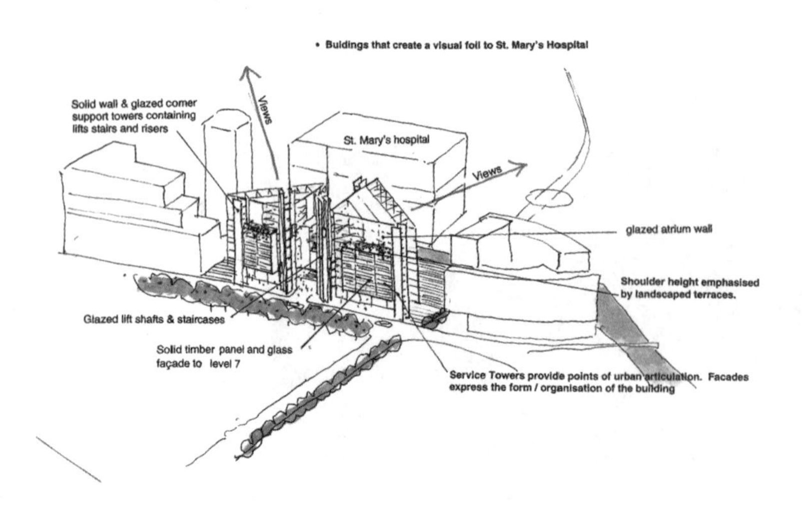

图 3–99
伦敦滨水办公楼分析图

尽情地展示自我，表达了对于生活的热爱。宜人的空间环境满足了人们的生活需要、心理需要，使人们深度地介入环境，从中强烈感受到生活的价值和意义。这样，它与公众的互动形成了一种良性的循环，从精神层面丰富了城市文化的内容，让城市充满灵动的活力、充满了生命的气息、充满了人性之美。

图 3-100（左上）
伦敦滨水办公楼一侧的城市广场

图 3-101（右上）
伦敦滨水办公楼与运河的关系

图 3-102（左下）
充满人气的城市广场（一）

图 3-103（右下）
充满人气的城市广场（二）

3. 复归生机

如上文所述，罗杰斯用“人性”的技术理念指导着具体的技术创作。但这并不止于新建筑的规划设计，罗杰斯还将这一手法渗透到旧城区的再度开发之中，让那日渐萧条的旧城区复归了往日的生机。

伦敦南岸艺术中心是罗杰斯近年来为旧城区复归生机所作的优秀范例。

泰晤士河是伦敦城市的起源，历史上它曾是一条深入城市中心的商业快速通道，对城市的发展起到了非常重要的作用。当年，英国许多最重要的国家政治、商业和文化机构均依河而建。而现今，这条通道已经变得十分冷清，仅成为划分贫穷的伦敦南部和繁荣的伦敦北部的一条界线。罗杰斯事务所经过多年的调查研究发现，泰晤士河其实掌握着伦敦城市复兴的钥匙，复兴泰晤士河对复兴整个城市，特别是对于相对萧条的南岸来说其意义是重大的。

在英国政府和罗杰斯的“城市工作专题组”的共同运作下，泰晤士河南岸正在有计划、有步骤地进行城市改造。其中中段的改造——伦敦南岸中心的改造工作，由政府委托罗杰斯事务所来完成。伦敦南岸中心原本是伦敦的几个大型文化建筑的综合体，它包括海沃德美术馆、伊丽莎白皇后厅和伯塞尔宫等一些知名的文化观演建筑。历史上它们都曾赫赫有名。而今天，它们却只剩下暴露于风雨之中的公共空间和破陋不堪的空中露台（图 3–104 ～图 3–106）。

罗杰斯试图通过简洁而有效的技术手法，解决建筑更新再利

图 3–104（左上）
泰晤士河南岸现状

图 3–105（左下）
泰晤士河南岸艺术中心破旧的露台

图 3–106（右）
泰晤士河南岸规划分析图

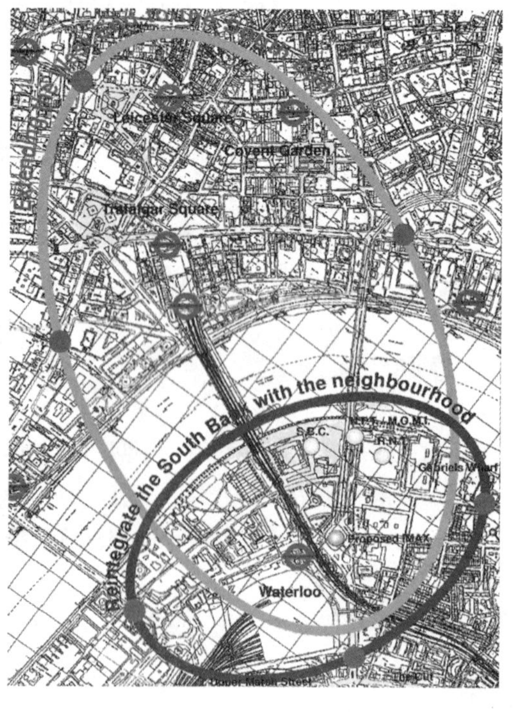

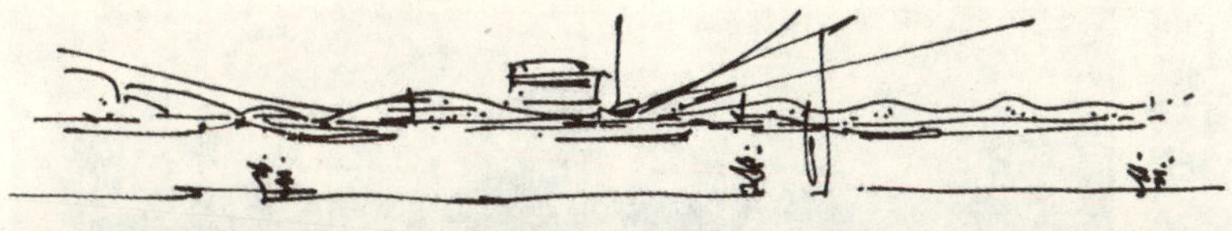

图 3-107
泰晤士河南岸艺术中心概念草图

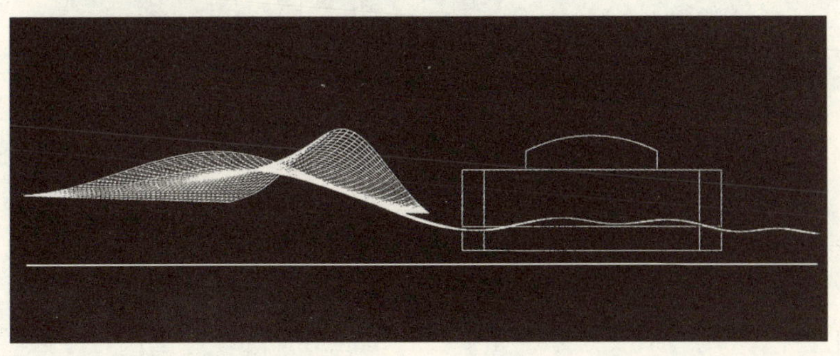

图 3-108
计算机生成的建筑形体

用问题。更重要的是他要将人们的注意力牵引回来，让这个地方再度凝聚人气，使生机复归。在具体设计中，他大胆地采用了一个硕大的波浪式建筑屋顶（图 3-107、图 3-108）。这个屋顶由轻钢做骨架，智能玻璃作为表皮，覆盖了基地内所有的建筑与这些建筑之间的空地。这样他可以把所有地面上用于服务的内院和闲置用地，改造成供人们休息活动的休闲空间。此外，他还设计了一系列新的活动场地和服务设施，这包括通向河边的散步道体系、咖啡厅、餐厅、零售店等内容。

这些内容的实施产生了一个 24 小时都焕发勃勃生机的文化活动场所。在这里，公众们不仅可以使用现代化的音乐厅、艺术馆等文化建筑丰富业余生活，还可以充分地享用这些服务设施和空间，将之作为茶余饭后良好的休憩之所。而这里的小气候又是如此宜人，流畅起伏的玻璃廊道和敞篷不仅可以遮风避雨，还因其有机的形态十分利于空气的自然流动，产生轻柔的自然风。同时这个玻璃结构还可以将气温保持在一个宜人的范围内，形成一个类似于法国波尔多法院那样宜人的气候条件，从而使这些河边的公共空间能够常年为人们服务，并保持旺盛的人气（图 3-109、图 3-110）。

罗杰斯通过当代先进的技术力量，既保护了既有的历史建筑，也改善了建筑的使用环境，提供了一个亲切、现代、活泼的城市空间，吸引更多的公众介入。此外，技术形态的大胆而又科学地运用，使基地的可利用空间增加了 3 倍，可以容纳 300 万人在这里活动。伦

图 3-109（左上）
泰晤士河南岸艺术中心的建筑模型（一）

图 3-110（右上）
泰晤士河南岸艺术中心的建筑模型（二）

敦南岸中心的周边环境正在修整过程中。不久的将来，人们就可以在舒适宜人的道路上漫步、在街边的露天咖啡座谈天、欣赏着对面泰晤士河的风景，那将是多么惬意的生活。这个昔日欧洲最大的文化中心，在技术的引导下将再度焕发勃勃生机。

英国伦敦的比灵门市场(Billingsgate Market, England, London, 1985～1988) 同样是在罗杰斯技术理念的运用下，再度焕发生机的建筑作品。这个建筑始建于英国维多利亚时代，曾经是伦敦重要的渔业市场。岁月的打磨与风雨的侵蚀使这个建筑破旧不堪。罗杰斯于1985年接下了对这个项目——比灵门渔业市场进行改建。

在这个项目中，罗杰斯坚持运用现代技术唤醒这个记载着历史沧桑的老建筑(图 3-111)。首先，他将老建筑中已经大半腐烂不堪的木屋架进行了替换。他遵从原有建筑的结构体系，用新木材将腐烂的木头替换下来，并将替换后新的木屋架漆成了白色，为屋架带来一种类似钢屋架那样轻盈飘逸之美，使建筑室内也顿时明亮了许多(图 3-112、图 3-113)。其次，罗杰斯解决了建筑内的阴暗

图 3-111
伦敦比灵门市场旧貌

图 3–112（左上）
伦敦比灵门市场替换后的屋架（一）

图 3–113（右上）
伦敦比灵门市场替换后的屋架（二）

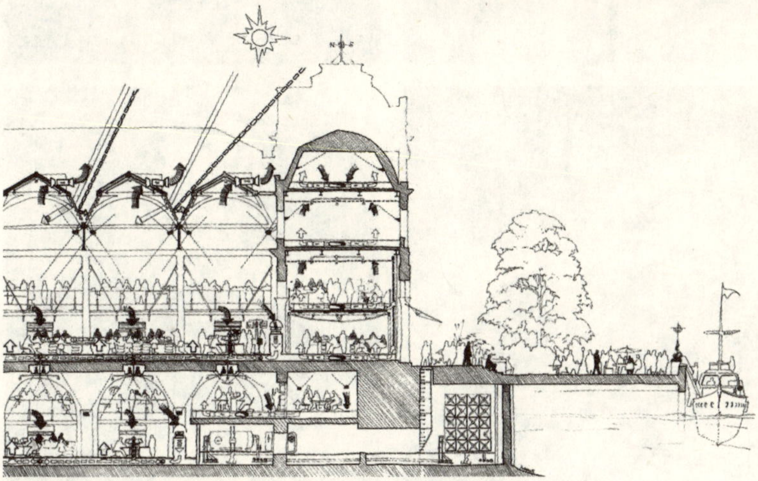

图 3–114 （下）
伦敦比灵门市场通风、日照分析图

问题。原有建筑中，自然采光不是很好。罗杰斯淘汰了原来天窗上的传统平板玻璃，而是采用了一种极为新颖优雅的棱镜式玻璃天窗。这一技术手段使建筑既躲避了阳光直射和眩光，又能够获得稳定的自然采光（图 3–114）。之后，他还用无框透明玻璃幕墙在老市场沿街立面后面构造了一个新的入口立面，用玻璃这一透明材质实现了建筑的新肌体与老肌体之间的和谐与平衡。这一技术手法，既让新肌体能够自信地显现自我，也使新肌体对旧肌体的干涉度减至最低，实现了新老肌体完美的平衡与交融（图 3–115、图 3–116）。此外，为了增加建筑内部空间的利用率，罗杰斯还添加了一个钢结构夹层，并将这个轻型结构悬挂在原建筑二层楼板上。同时还在老建筑的地面上用现代的技术材料安置了一个架空地板，将各种电气及通风设施的管线放于其中（图 3–117、图 3–118）。这样，老建

筑既保持了原有的历史风貌，还能有效地、科学地为现代人服务，满足现代生活的多种需求。

在这个建筑中，罗杰斯以精湛的设计手法将“审慎忠实的修复与大胆创新的改建完美地融合在了一起，将新肌体简洁冷峻的优雅和老肌体的复杂华贵很好地交融为一体。”[25] 正如罗杰斯自己说的那样 :“(在这个项目中) 我们在寻求一种能够使现代建筑肌体与旧建筑肌体完美融合在一起的技术运用方式。”[26] 他这一理念的成功实践，不仅为老建筑的保护与利用提供了一个可资参考的方式，更是焕发了历史建筑的生机，使其能够融合到现代社会生活当中，实现自我的价值(图 3–119、图 3–120)。

图 3–115 (左上)
伦敦比灵门市场新肌体与老肌体的结合

图 3–116 (右上)
伦敦比灵门市场立面

图 3–117 (左下)
伦敦比灵门市场内部夹层

图 3–118 (右下)
伦敦比灵门市场室内地板

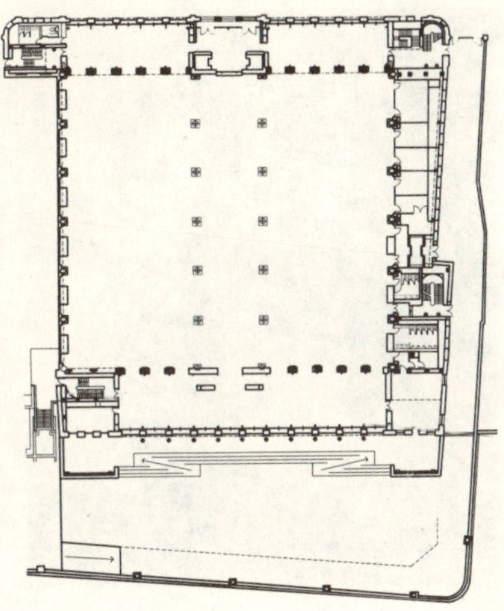

现在，罗杰斯越来越关注现代技术对历史建筑、城市旧城区的复兴作用，并陆续在实践的过程中不断探索。正在建设施工中的西班牙巴塞罗那的阿盟礼堂也是一个用现代技术使历史建筑再度焕发生机的优秀作品（图 3–121 ~图 3–123）。

罗杰斯一直笃信一幢优秀的建筑对城市文化的复兴具有不可估量的作用。当然，这种复兴绝不是形式表层的复兴，而应该是深入到文化肌理层面的复兴。罗杰斯运用现代的技术手段，在改造陈旧的城市环境的同时将城市传统文化精神留存下来，并将之

图 3–119（左上）
伦敦比灵门市场新貌

图 3–120（右上）
伦敦比灵门市场改造后的平面图

图 3–121
巴塞罗那阿盟礼堂的原有结构

提升到现代城市文化的发展轨道上来，从真正意义上复归了该区域原有的生机，打造了一个涵盖丰厚人性、关怀人本的、美好的城市环境。

图 3-122（左）
改造过程中的巴塞罗那阿盟礼堂

图 3-123（右）
巴塞罗那阿盟礼堂的新钢结构

注释：

[1] 汉诺－沃尔特·克鲁夫特．建筑理论史——从维特鲁威到现在．王贵祥译．中国建筑工业出版社，2005，p167.

[2] 理查德·罗杰斯，菲利普·古姆齐德简．小小地球上的城市．仲德昆译．中国建筑工业出版社，2004，p21.

[3] 理查德·罗杰斯，菲利普·古姆齐德简．小小地球上的城市．仲德昆译．中国建筑工业出版社，2004，p96.

[4] 理查德·罗杰斯，菲利普·古姆齐德简．小小地球上的城市．仲德昆译．中国建筑工业出版社，2004，p93.

[5] 崔世昌．现代建筑与民族文化．天津大学出版社，2000，p14.

[6] 崔世昌．现代建筑与民族文化．天津大学出版社，2000，p15.

[7] 周岚．城市空间美学．东南大学出版社，2001，p105.

[8] 吴焕加．现代西方建筑的故事．百花文艺出版社，2005，p216.

[9] 周岚．城市空间美学．东南大学出版社，2001，p147.

[10] 曾坚．当代世界先锋建筑的设计观念——变异 软化 背景

启迪．天津大学出版社，1995，29.

[11] 王冬．劳埃德大厦：一个矛盾的现象——对劳埃德大厦的建筑评论．华中建筑．1998(16).

[12] 罗伯特·文丘里．建筑的复杂性与矛盾性．周卜颐译．中国建筑工业出版社，1991，3.

[13] 万书元．当代西方建筑美学．东南大学出版社，2001，228.

[14] 万书元．当代西方建筑美学．东南大学出版社，2001，239.

[15]理查德·罗杰斯,菲利普·古姆齐德简．小小地球上的城市．仲德昆译．中国建筑工业出版社，2004，p69.

[16] 霍海鹰、侯玮．漂浮建筑的设计者——解读建筑师扎哈·哈迪德．河北建筑科技学院学报.2004（12）．

[17] 王冬．劳埃德大厦：一个矛盾的现象——对劳埃德大厦的建筑评论．华中建筑．1998(16).

[18] 作者自译．

[19] 作者自译．

[20] 王冬．劳埃德大厦：一个矛盾的现象——对劳埃德大厦的建筑评论．华中建筑．1998(16).

[21] 王冬．劳埃德大厦：一个矛盾的现象——对劳埃德大厦的建筑评论．华中建筑．1998(16).

[22] 齐康．城市建筑．东南大学出版社，2001，p8.

[23] 周岚．城市空间美学．东南大学出版社，2001，p186.

[24] 大师系列丛书编辑部编著．理查德·罗杰斯的作品与思想．中国电力出版社，2005，27.

[25] 陆地．建筑的生与死——历史性建筑再利用研究．东南大学出版社，2004，179.

[26] http://www.rsh-p.com/render.aspx?siteID=1&navIDs=1,4,23,420（作者自译）.

结　语

随着现代工业社会的终结，以信息技术为核心的后工业化社会蓦然降临。技术也走出霸权式应用的囹圄，表现出鲜明的“返魅”特征。它以对人本的关注为核心，更为柔和的、人性化的作用于人类社会。

在建筑界，理查德 · 罗杰斯以其前瞻性的技术理念、娴熟的技术手法，将“返魅”的技术加以具体化的演绎。他认为，技术应当是为人民谋福祉的。在他的笔下，技术更多地体现出“人性”的光辉，它作用于人们的物质生活，却给人的心灵以愉悦、温暖的情感体验。可以说，罗杰斯让技术的魅力回返，其具体运作是具有审美特征的，是一种审美的技术。其主要表现为：

技术形态具备审美的特征。技术，一直作为人们改造世界的手段存在于物质领域当中。然而，罗杰斯借鉴当今艺术成果，使技术具备了审美的形态特征。技术从现实世界向艺术世界飞升，从而创造出一系列新鲜生动的艺术形象。研读罗杰斯技术创作中体现出来的审美形态，不仅是要把握当今人们审美意识领域的变异，从而把握当今建筑审美，尤其是当今建筑技术审美的走向。而更多是要借鉴和学习罗杰斯如何用技术的方式演绎当代审美心理和审美趋势，从而结合我们的具体国情创作具备艺术形态的建筑技术形象。

技术运作的内在精神具备审美特征。今天的技术时代可谓是后现代的技术时代，它摒弃了现代技术社会那种将技术凌驾于人类之上的技术态度，而是呼唤“魅力”的回返。罗杰斯用建筑技术将当代技术的精神本质科学地演绎。他追求技术的和谐运用：与社会的整体共生、与自然的依存共生、与人类心智的主客共生，体现了技术审美更高层次的精神内容。把握罗杰斯作品中对于技术创作的审美精神，从而可以合理借鉴，科学地指导我们的建筑技术创作。

技术运作的文化内涵具备审美的特征。传统的技术只是作为物质手段起作用，通常不包含意识领域文化的内涵。而今天的技术运用中的人文内涵却越来越趋厚重。对于罗杰斯的技术创作，人文性是深蕴其中的。它不仅依靠其强大的物质力量提升城市文化，同时还精准鲜明地演绎了时代的美学文化、科学谦和地延承传统文化。罗杰斯作品中技术对于文化的表达，让我们懂得文化因素是技术审美的灵魂，也只有拥有深刻的人文内涵，技术才可以是温暖人心的。

综上所述，解读罗杰斯这一当代建筑技术创作大师的代表作品，其最终目的在于明了审美形态的生成、学习审美精神的内质、借鉴审美文化的运作，从而科学地、合理地、切合实际地进行我们的建筑技术创作。

今天的后现代技术社会呼唤着一种审美化的建筑技术，也只有审美化的建筑技术才能够真正地服务于我们的生活、美化我们的世界、满足我们的心灵，只有审美化的建筑技术才是真正科学的、可持续的技术模式。这也是我们从审美的角度，研究学习罗杰斯技术创作的意义之所在。

参 考 文 献

[1] 高静．建筑技术文化的研究．西安建筑科技大学建筑学博士论文．2005：13．

[2] 欧阳友权．现代高科技的美学精神．求索．1996,(06):2,4．

[3] 肖峰．技术的返魅．科学技术与辩证法．2003(04):1．

[4] 杨春时．审美的符号创造（电子版）．http://www.culstudies.com．

[5] 王岳川．西方艺术精神．高等教育出版社,2005．

[6] 叶朗．现代美学体系．第二版．北京大学出版社,1999．

[7] 大师系列丛书编辑部．理查德·罗杰斯的作品与思想．中国电力出版社,2005．

[8] 鲁道夫·阿恩海姆．艺术与视知觉．滕守尧,朱疆源译．四川人民出版社,1998．

[9] 张延风．法国现代美术．广西师范大学出版社,2004．

[10] 赵巍岩．当代西方建筑美学意义．东南大学出版社,2001．

[11] 王冬．劳埃德大厦:一个矛盾的现象——对劳埃德大厦的建筑评论．华中建筑．1998(16)．

[12] 理查德·罗杰斯,菲利普·古姆齐德简著．小小地球上的城市．仲德昆译．中国建筑工业出版社,2004．

[13] 戴维·纪森．大且绿——走向21世纪的可持续建筑．林耕等译．天津科技翻译出版公司,2005．

[14] 海德格尔．人,诗意地安居．郜元宝译．第二版．广西师范大学出版社,2002．

[15] 海德格尔．荷尔德林诗的阐释．孙周兴译．商务印书馆,2000．

[16] 汉诺-沃尔特·克鲁夫特．建筑理论史——从维特鲁威到现在．王

贵祥译. 中国建筑工业出版社,2005.

[17] 吴焕加. 外国现代建筑二十讲. 生活·读书·新知三联书店. 2007.

[18] 韩巍编. 高技派设计. 江苏美术出版社. 2001.

[19] 崔世昌. 现代建筑与民族文化. 天津大学出版社,2000.

[20] 周岚. 城市空间美学. 东南大学出版社,2001.

[21] 吴焕加. 现代西方建筑的故事. 百花文艺出版社,2005.

[22] 张钦南. 阅读城市. 生活·读书·新知三联书店,2004.

[23] 曾坚. 当代世界先锋建筑的设计观念——变异 软化 背景 启迪. 天津大学出版社,1995.

[24] 罗伯特·文丘里. 建筑的复杂性与矛盾性. 周卜颐译. 中国建筑工业出版社,1991.

[25] 万书元. 当代西方建筑美学. 东南大学出版社,2001.

[26] 王明辉. 何谓美学. 中国戏剧出版社,2005.

[27] 范玉刚. 技术美学的哲学阐释. 陕西师范大学学报,2002(04).

[28] 大卫·格里芬. 后现代科学——科学魅力的再现. 马季方译. 中央编译出版社,2004.

[29] 徐恒醇. 实用技术美学. 天津科学技术出版社,1995.

[30] 威廉·荷加斯. 美的分析. 杨成寅译. 第二版. 广西师范大学出版社,2005.

[31] 孙巍巍. 高科技下当代西方建筑美学的新拓展. 哈尔滨工业大学工学硕士论文. 2006.

[32] 世界建筑导报社. 世界建筑导报－理查德·罗杰斯建筑事务所专辑. 97 (05/06). 世界建筑导报社,1997.

[33] 费菁. 超媒介－当代艺术与建筑. 中国建筑工业出版社,2005.

[34] 肯尼思·鲍威尔. 新伦敦建筑. 于滨等译. 大连理工大学出版社,2002.

[35] 袁鼎生. 生态视域中的比较美学. 人民出版社,2005.

[36] 杨春时. 论生态美学的主体间性. (电子版)http://www.culstudies.com.

[37] 余良耘. 人对技术社会的适应与改造. 自然辩证法研究. 2003(03).

[38] 迈克尔·简纳. 德国新英式建筑. 皇甫伟译. 大连理工大学出版社,2003.

[39] Catherine Slessor. Eco-Tech-Sustainable Architecture and

High Technology. Thames and Hudson LTD,1997.

[40] 周浩明,张晓东. 生态建筑——面向未来的建筑. 东南大学出版社,2002.

[41] 肯尼斯·弗兰姆普敦. 现代建筑:一部批判的历史. 张钦南等译. 生活·读书·新知 三联书店,2004.

[42] Architectural Design. 1984(4),1988(12).

[43] 罗小未. 外国近现代建筑史. 第二版. 中国建筑工业出版社,2004.

[44] 单军. 批判的地区主义批判及其他. 建筑学报. 2000(11).

[45] Richard Rogers. a+u. 1988(12)临时增刊.

[46] 王瑛. 建筑趋同与多元的文化分析. 中国建筑工业出版社,2005.

[47] 齐康. 城市建筑. 东南大学出版社,2001.

[48] 金俊. 理想景观——城市景观空间的系统建构与整合设计. 东南大学出版社,2003.

[49] 余颖,余辉. 当代英国建筑与城市文脉发展. 国外城市规划. 2006(21). 2006.

[50] 李百浩,刘炜. 当代高技术建筑的地域性特征. 华中建筑. 2004(22).

[51] Kenneth Powell. Richard Rogers complete works volume three. Phaidon Press LTD. 2006.

[52] Li Shiqiao. Power and Virtue.Routledge,2007.

[53] Phaidon Press LTD. Architecture 3-Pioneering British "High-Tech". 1999.

[54] Peter Gossel and Gabriele Leuthauser. Architecture in the Twentieth Century. TASCHEN.

[55] Kenneth Powell. Richard Rogers complete works volume (1). Phaidon Press LTD. 1996.

[56] Hugh Pearman. Contemporary world Architecture. Phaidon Press Limited,1998.

[57] The Phaidon Atlas of Contemporary World Architecture. Phaidon.2004.

[58] Kenneth Powell. Richard Rogers complete works volume (2). Phaidon Press LTD. 2001.

[59] Taschen LTD. Contemporary European Architects-Volume IV. Taschen LTD,1996.

[60] Twins Media LTD. Architect Richard Rogers Partnership. Twins Media LTD,2005.

[61] New European Architecture.Birkhauser,2003.

[62] Sir Norman Foster. Taschen LTD,1994.

[63] Renzo Piano,Richard Rogers. RDu Plateau Beaubourg au Centre Georges Pompidou. Paris: Centre Georges Pompidon. 1987.

[64] http://www.pritzkerprize.com/full_new_site/rogers/mediareleases/07_media_kit_3-19.pdf.

[65] http://www.rsh-p.com/render.aspx?siteID=1&navIDs=1,4,23,488.

[66] http://www.rsh-p.com/render.aspx?siteID=1&navIDs=1,4,24,232,718.

[67] http://www.rsh-p.com/render.aspx?siteID=1&navIDs=1,4,24,222,370.

[68] http://www.rsh-p.com/render.aspx?siteID=1&navIDs=1,4,24,335,368.

[69] http://www.luosen.com/cn/mr/monet.htm.

[70] http://www.rsh-p.com/render.aspx?siteID=1&navIDs=1,4,23,466.

[71] http://www.rsh-p.com/render.aspx?siteID=1&navIDs=1,4,24,152,367.

[72] http://www.rsh-p.com/render.aspx?siteID=1&navIDs=1,4,23,470.

[73] http://www.rsh-p.com/render.aspx?siteID=1&navIDs=1,4,23,497.

[74] http://www.rsh-p.com/render.aspx?siteID=1&navIDs=1,4,24,245,1182.

[75] http://www.rsh-p.com/render.aspx?siteID=1&navIDs=1,4,24,740,744.

[76] http://www.rsh-p.com/render.aspx?siteID=1&navIDs=1,4,23,648,1036.

[77] http://www.rsh-p.com/render.aspx?siteID=1&navIDs=1,4,23,660.

[78] http://www.rsh-p.com/render.aspx?siteID=1&navIDs=1,4,23,668.

[79] http://www.rsh-p.com/render.aspx?siteID=1&navIDs=1,4,24,237,1204.

[80] http://www.rshp.com/render.aspx?siteID=1&navIDs=1,4,24,362,365.

[81] http://www.rsh-p.com/render.aspx?siteID=1&navIDs=1,4,24,120,180.

图片来源

• *Richard Rogers complete works volume (3)*

图 0-1、图 0-5、图 0-14、图 0-15、图 1-97、图 3-104

• 《理查德·罗杰斯的作品与思想》

图 0-2、图 0-3、图 0-4、图 0-6、图 0-7、图 0-8、图 0-9、图 0-10、图 0-11、图 0-12、图 0-13、图 0-16、图 0-17、图 1-10、图 1-14、图 1-46、图 1-72、图 2-1、图 2-24、图 2-25、图 2-26、图 2-28、图 2-29、图 2-55、图 2-122、图 3-20、图 3-21、图 3-41、图 3-47、图 3-78、图 3-80、图 3-91、图 3-93、图 3-97

• *Richard Stirk Harbour+Partners*

(http://www.rsh-p.com/render.aspx?siteID=1&navIDs=1,2)

图 1-2、图 1-3、图 1-4、图 1-5、图 1-6、图 1-7、图 1-8、图 1-9、图 1-12、图 1-13、图 1-15、图 1-18、图 1-19、图 1-20、图 1-22、图 1-23、图 1-24、图 1-25、图 1-26、图 1-27、图 1-28、图 1-29、图 1-37、图 1-38、图 1-39、图 1-40、图 1-42、图 1-43、图 1-45、图 1-47、图 1-48、图 1-49、图 1-51、图 1-53、图 1-57、图 1-58、图 1-59、图 1-61、图 1-62、图 1-63、图 1-64、图 1-65、图 1-66、图 1-67、图 1-68、图 1-69、图 1-74、图 1-79、图 1-82、图 1-83、图 1-84、图 1-85、图 1-86、图 1-87、图 1-88、图 1-89、图 1-90、图 1-91、图 1-92、图 1-93、图 1-95、图 1-96、图 1-98、图 1-99、图 1-100、图 1-103、图 1-104、图 1-105、图 1-106、图 2-3、图 2-5、图 2-10、图 2-11、图 2-12、图 2-15、图 2-16、图 2-19、图 2-20、图 2-21、图 2-34、图 2-38、图 2-39、图 2-40、图 2-41、图 2-44、图 2-45、图 2-46、图 2-47、图 2-48、图 2-49、图 2-50、图 2-51、图 2-52、图 2-53、图 2-54、图 2-56、图 2-57、图 2-58、图 2-59、图 2-61、图 2-62、图 2-63、图 2-64、图 2-66、图 2-67、图 2-69、图 2-70、图 2-79、图 2-81、图 2-82、图 2-83、图 2-84、图 2-85、图 2-108、图 2-110、图 2-111、图 2-112、图 2-113、图 2-114、图 2-115、图 2-118、图 2-120、图 2-121、图 3-6、图 3-7、图 3-8、图 3-9、图 3-10、

图 3-11、图 3-12、图 3-13、图 3-14、图 3-15、图 3-16、图 3-17、图 3-18、图 3-19、图 3-23、图 3-34、图 3-36、图 3-39、图 3-40、图 3-43、图 3-44、图 3-55、图 3-56、图 3-60、图 3-61、图 3-63、图 3-64、图 3-65、图 3-66、图 3-67、图 3-68、图 3-69、图 3-70、图 3-71、图 3-72、图 3-73、图 3-74、图 3-75、图 3-76、图 3-77、图 3-79、图 3-81、图 3-82、图 3-86、图 3-87、图 3-92、图 3-95、图 3-99、图 3-100、图 3-101、图 3-102、图 3-103、图 3-105、图 3 -106、图 3-107、图 3-108、图 3-109、图 3-110、图 3-111、图 3-112、图 3-113、图 3-114、图 3-115、图 3-116、图 3-117、图 3-118、图 3-119、图 3-120、图 3-121、图 3-122、图 3-123

• http://www.dbddj.com/tuxing-a.html

图 1-36

• http://www.greatbuildings.com/buildings/Lloyds_Building.html

图 1-41、图 1-80、图 2-7、图 2-8、图 3-46、图 3-83、图 3-84

• http://bbs.elong.com/view thread.php?tid=261568

图 1-44

• http://bbs.chinapet.com/thread-385814-2.html

图 1-70

• 《大且绿——走向 21 世纪的可持续建筑》

图 2-31、图 2-32、图 3-27、图 3-28、图 3-30

• *Architect Richard Rogers Partnership*

图 2-65、图 2-68、图 2-71、图 2-86、图 2-87、图 2-96、图 2-100、图 2-104、图 2-105、图 2-107、图 2-109、图 2-119、图 3-35、图 3-85

• 李士侨教学讲义

图 3-1、图 3-2、图 3-31

• http://www.greatbuildings.com/buildings/Engineering_Building.html

图 3-3、图 3-4、图 3-5、图 3-1、图 3-1、图 3-1、

• 《小小地球上的城市》

图 3-25、图 3-26

• *Architecture 3-Pioneering British "High-Tech"*

图 3-37

• 《阅读城市》

图 3-38

• http://www.newyn.cn/ImageList/004012010_1_24.html

图 3-45

附录 I　理查德·罗杰斯建筑作品年表

2006～今　300 New Jersey Avenue, USA, Washington
新泽西大道 300 号，美国，华盛顿

2006～今　175 Greenwich Street, USA, New York
格林威治大街 175 号，美国，纽约

2006～今　Jacob K Javits Convention Center., USA, New York
雅各布贾维茨会展中心，美国，纽约

2005～今　Design for manufacture, Oxley Woods, Milton Keynes, England
英国批量住宅建设项目，英国，奥克斯伍德，米灵顿凯尼

2004～2006　Bodegas Protos Winery, Spain, Peñafiel
西班牙普特斯葡萄酒厂，西班牙，巴拿菲尔

2003～2006　Glasgow Bridge. Transport. Scotland, Glasgow
格拉斯堡桥，苏格兰，格拉斯哥

2003～2005　Birmingham City Parkgate, England, Birmingham
伯明翰城市公园，英国，伯明翰

2002～今　Sabadell Cultural & Congress Centre, Spain, Sabadell
萨瓦德尔文化会议中心，西班牙，萨瓦德尔

2002～2006　Guildford Exchange, England, Guildford
吉尔福德交易中心，英格兰，吉尔福德

2002～2002　Barcelona and L' Hospitalet Law Courts, Spain, Barcelona
巴塞罗那和 L 洪斯特莱特法院，西班牙，巴塞罗那

2002～2006　Cemusa Street Furniture, Spain, Madrid
家具设计中心，西班牙，马德里

2002～2006 The Leadenhall Building, England, London
理德豪大街122号办公楼，英国，伦敦

2002～2005 Library of Birmingham, England, Birmingham
伯明翰图书馆，英国，伯明翰

2002～2004 Mossbourne Community Academy, England, London
莫斯伯纳社区学校，英国，伦敦

2001～今 Grand Union Building, England, London
联盟综合建筑，英国，伦敦

2001～2006 Maggie's Centre, England, London
玛姬健康中心，英国，伦敦

2000～2006 Las Arenas, Spain, Barcelona
阿盟礼堂，西班牙，巴塞罗那

2000～2006 Paddington Tower, England, London
帕町顿塔楼，英国，伦敦

2000～2005 Canary Wharf Riverside South, England, London
加纳利码头南河沿，英国，伦敦

2000～2000 Rome Congress, Italy, Rome
罗马会堂，意大利，罗马

1999～2006 Hesperia Hotel and Conference Centre, Spain, Ba-rcelona
赫斯比利亚酒店和会议中心，西班牙，巴塞罗那

1999～2004 Chiswick Park, England, London
奇斯威克公园，英国，伦敦

1999～2004 Waterside, England, London
滨水办公楼，英国，伦敦

1998～2005 Antwerp Law Courts, Belgium, Antwerp
安特卫普法院，比利时，安特卫普

1998～2005 National Assembly for Wales, Wales, Cardiff
新威尔斯议会中心，威尔斯，加的夫

1998～2001 Transbay Terminal, USA, San Francisco
交通换乘站，美国，旧金山

1997～2005 Madrid Barajas Airport, Spain, Madrid
马德里布拉德斯机场，西班牙，马德里

1997～1999 Amano Research Laboratories, Japan, Gifu

天野研究实验室，日本，岐阜

1996～2004　Nippon Television Headquarters. Japan, Tokyo
日本电视台总部，日本，东京

1996～2002　Broadwick House, England, London
布劳德威克住宅，英国，伦敦

1996～2000　Ashford Designer Retail Outlets, England, Ashford
阿什福德设计师零售店，英国，阿什福德

1996～1999　New Millennium Experience, England, London
新千年体验中心，英国，伦敦

1996～1996　Pusan Speed Rail Station, Korea, Pusan
釜山快速铁路车站，韩国，釜山

1995～2005　Seoul Broadcasting Centre, Korea, Seoul
汉城广播中心，韩国汉城

1995～2003　Minami Yamashiro Primary School, Japan, Kyoto
往南雄小学，日本，京都

1994～2000　Montevetro, England, London
蒙提万大楼，英国，伦敦

1993～2000　Lloyd's Register, England, London
劳埃德注册公司，英国，伦敦

1993～1999　88 Wood Street, England, London
伍德大街 88 号，英国，伦敦

1993～1999　Daimler Chrysler, Germany, Berlin
戴姆勒·克莱斯勒，德国，柏林

1993～1999　Daimler Chrysler Residential, Germany, Berlin
戴姆勒·克莱斯勒住宅楼，德国，柏林

1993～1999　Tower Bridge House, England, London
塔桥，英国，伦敦

1993～1996　Thames Valley University, England, Slough
泰晤士峡谷大学，英国，斯劳

1993～1995　VR Techno Plaza, Japan, Gifu
VR 科技广场，日本，岐阜

1993～1993　Turbine Tower, Japan, Tokyo
涡轮机大楼，日本，东京

1992～1998　Bordeaux Law Courts, France, Bordeaux.

波尔多法院，法国，波尔多

1991～今 Zurich Airport, Switzerland, Zurich

苏黎世机场，瑞士，苏黎世

1990～1994 Channel 4 Television Headquarters, England, London

伦敦第四频道电视台总部，英国，伦敦

1989～今 Terminal 5, Heathrow Airport, England, London

希斯罗机场第五航站楼，英国，伦敦

1989～今 Heathrow Air Traffic Control Tower, England, London

希斯罗机场交通控制塔，英国，伦敦

1989～1995 European Court of Human Rights, France, Strasbourg

欧洲人权法庭，法国，斯特拉斯堡

1989～1992 Marseille International Airport, France, Marseille

马赛国际机场，法国，马赛

1987～1993 Kabuki Cho, Japan, Tokyo

歌舞伎町办公楼，日本，东京

1987～1992 Reuters Data Centre, England, London

路透社数据中心，英国，伦敦

1986～1987 Centre Commercial St Herblain, France, Nantes

圣·海伯利恩商业中心，法国，南特

1985～1988 Billingsgate Market, England, London

比灵门市场，英国，伦敦

1985～1987 Linn Products, Scotland, Glasgow.

理恩工厂，苏格兰，格拉斯堡

1984～1991 Thames Wharf Studios, England, London

泰晤士沃尔夫工作室，英国，伦敦

1984～1987 Thames Reach Housing, England, London

泰晤士研究中心，英国，伦敦

1984～1985 Maidenhead Industrial Units, Maidenhead, England

工业元件处理中心，英国，梅登海德

1982～1987 Inmos Microprocessor Factory. Industrial. Wales, Ne-wport

茵茂斯微处理工厂，威尔士，纽波特

1982～1985 Patscentre, USA, Princeton NJ

帕特斯工业中心，美国，新泽西普林斯顿

1979～1981 Fleetguard Factory. Industrial. France, Brittany
弗列特工业设计中心，法国，布列塔尼

1978～1986 Lloyd's of London, England, London
伦敦劳埃德大厦，英国，伦敦

1975～1983 PA Technology Laboratory. Industrial. England, Melbourn
PA 科学技术中心，英格兰，墨尔本

1971～1977 Centre Pompidou, France, Paris
蓬皮杜艺术中心，法国，巴黎

1968～1971 Zip-Up Enclosures, England, London
Zip-Up 住宅，英国，伦敦

1968～1969 Dr Rogers House, England, London
罗杰斯住宅，英国，伦敦

1966～1967 Reliance Controls Electronics Factory, Britain, Wiltshire
电子控制系列产品工厂，英国，威尔特

1965～1967 Wates Housing, England, Surrey
威特斯住宅，英国，萨里

1965～1965 Homefield School, England, Surrey
侯姆菲尔德学校，英国，萨里

1963～1964 Pill Creak Housing, Britain, Cornwall
比尔希腊小住宅，英国，康沃尔

附注：本附录主要资料来自于理查德·罗杰斯建筑事务所英文网站：
http://www.rsh-p.com/render.aspx?siteID=1&navIDs=1,4,23
作品名称及地名均为本文作者自译

附录 II 理查德 · 罗杰斯荣誉与奖项

- 2007 希斯罗机场交通控制塔，获 2007 年英国皇家建筑师学会大奖、2007 年英国皇家建筑师学会特别奖
- 2007 理查德 · 罗杰斯获普利茨克建筑奖
- 2007 马德里布拉德斯机场、新威尔士议会中心，获 2007 年芝加哥国际遗产奖
- 2007 新威尔士议会中心，获 2006 年美国卓越滨水建筑奖
- 2006 理查德 · 罗杰斯获 Dyslexia 奖
- 2006 新威尔士议会中心，获天然石材建筑设计奖
- 2006 理查德 · 罗杰斯获 FX 建筑设计终生荣誉奖
- 2006 马德里布拉德斯机场，获英国皇家建筑师学会斯特林大奖
- 2006 理查德 · 罗杰斯获威尼斯建筑双年展大会金狮奖之建筑创作终身成就大奖
- 2006 新威尔士议会中心，获建筑学金牌奖
- 2006 马德里布拉德斯机场，获英国皇家建筑师学会欧洲建筑奖
- 2006 新威尔士议会中心、马德里布拉德斯机场，获钢结构创作大奖
- 2006 莫斯伯纳社区学校，获本年度伦敦市民信任奖
- 2006 马德里布拉德斯机场，获 2006 年美国 / 英国建筑师学会卓越建筑创作奖
- 2004 往南雄小学，获英国皇家建筑师学会域外建筑奖
- 2004 布劳德威克住宅，获本年度伦敦市民信任奖
- 2003 罗马会堂，获未来房地产项目认可奖
- 2003 布劳德威克住宅、奇斯威克公园，获英国皇家建筑师学会大奖提名
- 2002 奇斯威克公园，获巴厘国家园林奖

- 2002　奇斯威克公园，获英国建设工业大奖
- 2002　劳埃德注册公司，获世界建筑大奖之最佳商业建筑奖
- 2002　伍德大街 88 号、蒙提万大楼，获美国建筑师学会英国域内优秀设计奖
- 2002　劳埃德注册公司、蒙提万大楼，获得本年度伦敦市民信任奖
- 2001　劳埃德注册公司，获铝材建筑创新奖
- 2001　奇斯威克公园，获本年度社会办公发展奖之最佳办公环境奖
- 2000　伍德大街 88 号、新千年体验，获本年度伦敦市民信任奖
- 2000　理查德·罗杰斯事务所作品，获欧洲钢结构设计大奖
- 2000　理查德·罗杰斯事务所作品，参加英国皇家学院夏季最佳建筑展
- 2000　伍德大街 88 号、新千年体验，获英国皇家建筑师学会大奖提名
- 2000　戴姆勒·克莱斯勒办公楼，获英国皇家建筑师学会欧洲建筑奖
- 2000　伍德大街 88 号，获得英国皇家学术委员会信任奖
- 1998　新千年体验，参加英国皇家学院夏季展览
- 1997　泰晤士峡谷大学，获得本年度伦敦市民信任奖
- 1997　泰晤士峡谷大学，获得英国皇家建筑师学会教育建筑奖
- 1997　泰晤士峡谷大学，获得英国皇家建筑师学会大奖提名
- 1996　伦敦第四频道电视台总部，获英国 BBC 建筑设计大赛最终方案奖
- 1996　理查德·罗杰斯事务所作品，获英国皇家学院夏季最佳建筑展金奖
- 1995　伦敦第四频道电视台总部，获得皇家美术委员会大奖
- 1995　伦敦第四频道电视台总部，获得英国皇家建筑师学会国内建筑奖
- 1994　泰晤士沃尔夫工作室，获英国皇家建筑师学会地域建筑奖
- 1994　理查德·罗杰斯事务所，获第五届布宜诺斯艾利斯国际建筑大奖的最佳团队奖
- 1994　路透社数据中心，获英国皇家建筑师学会大奖提名
- 1990　比灵斯门市场，获英国 BBC 建筑设计大赛最终方案奖
- 1989　比灵斯门市场，获本年度伦敦市民信任奖
- 1989　比灵斯门市场，获英国皇家建筑师学会国内建筑奖
- 1989　伦敦劳埃德大厦，获埃泰尼公司第八届国际建筑奖
- 1988　伦敦劳埃德大厦，获 PA 建筑设计与结构创新奖
- 1988　理恩工厂、伦敦劳埃德大厦，获英国皇家建筑师学会大奖提名
- 1988　理恩工厂、比灵斯门市场、伦敦劳埃德大厦，获英国皇家建筑师

学会地域建筑奖

- 1987 伦敦劳埃德大厦，获本年度伦敦市民信任奖
- 1987 伦敦劳埃德大厦，获混凝土协会表彰
- 1987 伦敦劳埃德大厦，获金融时报“建筑工作”奖
- 1983 茵茂斯微处理工厂，获金融时报“建筑工作”奖
- 1982 弗列特工厂，获钢结构创作特殊贡献奖
- 1982 茵茂斯微处理工厂，获钢结构设计大奖
- 1978 蓬皮杜文化艺术中心，获杰出国际设计工作奖
- 1977 PA 科学技术中心，获英国皇家建筑师学会地域建筑奖
- 1976 PA 科学技术中心，获金融时报“建筑工作”奖
- 1975 Zip-Up 住宅，获英国皇家建筑师学会研究奖
- 1968 Zip-Up 住宅，获今日之屋竞赛奖
- 1967 电子控制系列产品工厂，获金融时报“工业建筑”奖
- 1966 电子控制系列产品工厂，获金融时报“建筑设计”项目奖
- 1965 威特斯住宅，获金融时报“建筑设计”项目奖
- 1964 比尔希腊小住宅，获金融时报“建筑设计”项目奖

附注：本附录主要资料来自于理查德·罗杰斯建筑事务所英文网站，

http://www.rsh-p.com/render.aspx?siteID=1&navIDs=1,6,16

作品名称及奖项名称均为本文作者自译